转弯处就是幸福

Zhuanwanchu Jiushi Xingfu

文 静 ◎ 编著

中国华侨出版社

图书在版编目（CIP）数据

转弯处就是幸福／文静编著．—北京：中国华侨出版社，2013.1
　ISBN 978－7－5113－3045－1

Ⅰ.①转… Ⅱ.①文… Ⅲ.①幸福—通俗读物 Ⅳ.①B82－49

中国版本图书馆 CIP 数据核字（2012）第 265151 号

● 转弯处就是幸福

编　　著／文　静
责任编辑／文　慧
封面设计／智杰轩图书
经　　销／新华书店
开　　本／710×1000 毫米　1/16　印张 15　字数 220 千字
印　　刷／北京一鑫印务有限责任公司
版　　次／2013 年 1 月第 1 版　2019 年 8 月第 2 次印刷
书　　号／ISBN 978－7－5113－3045－1
定　　价／32.00 元

中国华侨出版社　北京朝阳区静安里 26 号通成达大厦 3 层　邮编 100028
法律顾问：陈鹰律师事务所
编辑部：（010）64443056　　　64443979
发行部：（010）64443051　　　传真：64439708
网　　址：www.oveaschin.com
e－mail：oveaschin@sina.com

前言

我们每个人都在努力创造着幸福的生活，与此同时，生活也带给了我们无限困惑。

很多时候，我们因为总将眼光放在外界，追逐于自己所想的美好事物，常常忽视了自己的本性，在利欲的诱惑中迷失了自己。所以才终日心外求法，因此而患得患失。如果能明白自己的本性，坚守自己的心灵领地，又何必自寻懊恼呢？

诗人卞之琳写道："你站在桥上看风景，看风景的人在楼上看你。"带着妻儿到乡间散步，这当然是一道风景；带着恋人在歌厅摇曳，也是一种情调；那些出人头地的人静下心来，有时会羡慕那些路灯下对弈的老百姓，拖家带口的人羡慕独身的自在洒脱，独身者却又对儿女绕膝的那种天伦之乐心向往之……

皇帝有皇帝的烦恼，乞儿有乞儿的欢乐。本为乞儿的朱元璋变成了皇帝，本为皇帝的溥仪变成了平民，四季交错，风云不定。一幅曾获世界大赛金奖的漫画儿画出了深意：第一幅是两个鱼缸里对望的鱼，第二幅是两个鱼缸里的鱼相互跃进对方的鱼缸，第三幅和第一幅一

模一样，换了鱼缸的鱼又在对望着。

我们常常会羡慕和追求别人的美丽，却不知道自己的幸福是什么，稍一受外界的诱惑就可能随波逐流，事实上，每一个人都有自己独有的优势和潜力，只要你能认识到自己的这些优势，并使之充分发挥，你也必能成为某一领域的杰出者。

其实，人生没有那么多困惑，只要你考虑清楚自己想要的是什么，知道自己应该追逐什么，按着自己的心去做事，那么，或许转个弯就是幸福。

目录

壹：别再得过且过，人生不能迷迷糊糊

很多人终生都像在梦游一样，漫无目标地过活。他们朝九晚五按部就班地生活，从不曾问问自己："我这一生究竟要干什么？"能人与庸人的本质区别，并不在于天赋，亦不在于机遇，而在于人生有无目标！一如千里马和拉磨驴，千里马总是能够按照既定的方向前进，而驴子只是围着磨盘打转。尽管驴子一生所跨出的步子与千里马相差无几，但由于没有目标，它的一生始终走不出那个狭小的圈。

有梦总是好的／2

为人生点亮一盏明灯／5

做出明智的职业选择／8

不要把自己困住／12

事业常成于坚忍，毁于急躁／15

脑袋空空，口袋空空；脑袋转转，口袋满满／20

贰：降低过高期望，鞭策不是自我惩处

倘若总是对自己的期望值太高，这样无论何时都不会感到快乐。因为一旦这个期望无法达成，心中必然会产生不满。所以，当你因为无法达成心愿而感到困苦时，不妨尝试降低自己的期望值，降低自己相对的欲望，让生活平实一些，权当是一种休息。或许，换一种心境，你就能找到幸福的感觉。

完美可向往，但不可奢望／28

别对自己太"狠"／31

何必比着活／33

知足者能常乐／37

安贫乐道挺不错／40

顺其自然最好／44

劳逸结合，张弛有度／47

叁：丢掉你的懦弱，成就要靠挫折炼铸

世界上有那么一种人，纵然面对漫天阴霾，也能在短暂休憩后，昂然阔步，面带微笑，若无其事地继续生活。在磨难的折磨下，他们或许也曾低迷，或许也想过放弃，但，他们终究站起来了。人不能因为跌一跤，就坐在地上不停哭泣，那样的人生注定会错过很多。站起来，用自己的力量撑起一片天空，你才能得到属于自己的幸福。

切莫顾影自怜／52

苦难孕育坚强 / 55
我们应该感谢苦难 / 58
挺直腰杆做人 / 61
人不怕跌倒，就怕一跌不起 / 63
错过的未尝不是美丽 / 68
心若在，梦就在 / 71
做事但求尽本分 / 74

肆：破除思维定式，曲径抑或畅通无阻

同样的环境下，有些人做什么事都风生水起，有些人却一步一绊，仿佛天生晦气，喝口凉水都塞牙，难道真的是命运作祟？不然！实际上，之所以出现这种差别，很大程度上在于二者思维模式不同。今时今日，世界瞬息万变，竞争空前激烈，我们最大的危险并不是来自外界的威胁，而是我们的思维能否跟得上时代的步伐。思维将决定我们如何思考以及最终成为什么样的人，故而若想得到你想要的幸福，那么请一定解除思维束缚。

方法对，事半功倍 / 78
拆除思维的墙 / 81
敢于突破，路才更广阔 / 83
做个"独立"的人 / 86
奇思可有奇效 / 89
置之死地而后生 / 91
没必要一条路走到黑 / 94

伍：扩充心的容积，别让怨恨成为包袱

怨恨积于心底，必然有害身体。人生若想幸福，我们就不能让怨恨成为生活的包袱。去除怨恨这块心病，最佳的方法就是学会宽恕。只要宽恕了，怨恨自然而然也就烟消云散。一个人能否以宽恕之心对待周围的一切，是一种素质和修养的体现。大多数人都希望得到别人的宽容和谅解，可是自己却很难做到这一点，因为总是把别人的缺点和错误放大成烦恼和怨恨。宽容是一种美，当你做到了，你就是美的化身。

嫉妒潜伏心底，如毒蛇潜伏穴中 ／ 100

别因嫉妒相残害 ／ 103

学会为对手喝彩 ／ 107

仇恨是埋在心中的火种 ／ 109

以宽恕、谅解的心看世界 ／ 112

主动与人修好 ／ 115

心有多大，你的世界就有多大 ／ 118

陆：蠲除名利负累，欲望不能滋生无度

人若终日背负名利之心，试问何处盛装快乐？若整日尔虞我诈，试问快乐从何而言？若患得患失，阴霾不开，试问快乐又在哪里？若心胸狭隘，不懂释然，试问快乐何处寻找？一个人赤条条地到这世界来，最后赤条条地离开这个世界而去，细想来，名利都是身外物，遇事只要尽心去做，不苛求所得，便很容易得到快乐。

淡化利欲心，生活更自在 ／ 124

别把自己当成赚钱的机器 / 127

人生中最重要的并不是钱 / 130

不以物喜，不以己悲 / 133

柒：睁只眼闭只眼，人生难得糊涂

狄士雷曾经说过："生命太短暂，无暇再顾及小事。"其实，我们根本没有必要把所有事情都放在心上，更没有必要事事都弄个明明白白、清清楚楚，做人不妨糊涂一点，将那些无关紧要的烦恼抛到九霄云外，如此你会发现，生命中充满着阳光。

活得太明白，也会很累 / 138

糊涂一点，才是人生大智慧 / 141

该糊涂处且糊涂 / 143

大智若愚保平安 / 146

不妨揣着明白装糊涂 / 149

糊涂会让婚姻的围城更牢固 / 152

是什么令婆媳关系如此融洽 / 154

捌：别为情感所困，前面还会有一片森林

爱情是由两个人共同来描绘的，是两个完全平等的、有独立人格的人。为了爱情，你需要付出、需要努力，但并不是说，只要你付出了、你努力了，就一定会有结果，因为另一个人，并不受你的控制。所以，无论你爱得有多深，付出的有多么多，如果另一个人执意要离开你，那么请你尊重他（她）的选择。你应该意识到，你有一双自由的翅膀，完全可以飞离一个已经变成毒药的、枯萎的花朵。其实，人生有很多的

选择，离开了谁我们都不会孤独。

缘来时珍惜，缘尽时放下 / 158

缘分可遇不可求 / 160

不是每段感情都值得你哭泣 / 162

下一个或许更适合你 / 166

失去爱人，也要留下风度 / 170

玖：远离邪思恶念，与人为善自有福禄

无论做人还是做事，与人为善都是一个最基本的出发点。而可悲的是，有一些人竟然错把善良当作迂腐和犯傻。好人一生平安，因为善良这种品质正是上天给我们的最珍贵的奖赏。

人之初，性本善 / 176

君子莫大乎与人为善 / 177

勿以善小而不为 / 180

行善当怀无所求之心 / 183

仁者爱人 / 185

助人就是助己 / 189

与人为善，不相交恶 / 192

爱这世间一切生命 / 194

拾：跳出心灵牢狱，不做烦恼的囚徒

过分地追求物质生活，就会受到来自于诸多方面烦恼的干扰，常常令我们身心疲惫、痛苦不堪，然而心病还需心药医，只有我们从内心摆脱这些烦恼的束缚，将它们全部抛开，才能让心灵得到真正的轻松。

心静自然凉／198

此心常放平常处／200

我们不必缅怀昨天／204

光阴易逝，珍惜当下／207

懂得放下，才是智慧／210

勿让烦恼牵着走／212

别让孤独缠绕你／215

做个乐天派／218

拾壹：不要过度忙碌，简单其实就是幸福

生活似乎总喜欢和人们开玩笑，在物质匮乏的年代，我们想复杂，但真的复杂不起来。今日，我们想简单，又觉得简单是那样难，于是乎，很多人开始觉得活得有点累。只是大家没有意识到，生活中有些"累"是完全可以消除的，只要我们降低自己的欲望，不去追逐所谓的"现代生活"，或许你就会轻松许多。人世间的事，刻意去做往往事与愿违，不在意时却又"得来全不费工夫"。所谓"世间本无事，庸人自扰之"，对俗务琐事的过分关注，患得患失，其实正是我们烦恼的根源所在。

其实幸福很简单／224

清点你的背包／226

简单的生活，快乐的源头／229

俗务本多，何苦再背负太多／231

幸福还需在平淡中体会／234

活得随意些／240

壹
别再得过且过，人生不能迷迷糊糊

很多人终生都像在梦游一样，漫无目标地过活。他们朝九晚五按部就班地生活，从不曾问问自己："我这一生究竟要干什么？"能人与庸人的本质区别，并不在于天赋，亦不在于机遇，而在于人生有无目标！一如千里马和拉磨驴，千里马总是能够按照既定的方向前进，而驴子只是围着磨盘打转。尽管驴子一生所跨出的步子与千里马相差无几，但由于没有目标，它的一生始终走不出那个狭小的圈。

有梦总是好的

"心存希望，幸福就会降临；心存梦想，机遇就会青睐你。"梦想是人生路上的明灯，在凄风苦雨的黑夜，为我们指引前行的方向。人生若是没有梦想，定会虚空一场。

曾几何时，我们是那般激情四溢，我们每个人心里都装着一个美妙的梦，我们希望有朝一日能够成为某一领域的精英人物，希望自食其力在海边买一所像样的别墅，带着爱人、带着孩子，沐浴阳光，吹着海风……我们的梦想总是那样多姿，那般浪漫。只是，又不知从何时起，我们的激情在一点点消逝，我们对于梦想的追求在逐渐消退，甚至一些人的眼中就只剩下了"柴米油盐"——倘若这些也可以称之为梦想的话，那么只能说，我们的梦想在日渐枯萎，幸福感在逐步流逝。

或许，是日益加剧的竞争、是不断增长的压力令我们有所屈服，放弃了心中多姿多彩的梦想。我们生活在高压的状态下，每天迫不得已地为琐事而忙碌，心里想的就是柴米油盐，日日盼的就是多赚些钱，因而忽略了原本令我们一想起便感到幸福的梦想。我们就像被蒙上眼睛的毛驴一样，每日围着磨盘转，总是踏不出那固定的圈儿。我们习惯了这拉磨一般的生活，至于明天要怎样、什么是幸福，我们从不去想，于是，就这样得过且过着，于是就只能平平庸庸、忙忙碌碌、麻麻木木地走完一生，这又何尝不是一种悲哀？

其实，人生还是应该有些梦想，有些激情的。

在中国有一个非常古老的传说，说是很早以前黄河上游的龙门还未开凿，伊河水流到此处就会被龙门山挡住，于是在山南形成了一个很大的湖。湖中的鲤鱼听说只要跃过龙门就能幻化成龙，于是纷纷聚集到龙门之下，都想着一跃而过变成真龙。千百年以来，无数黄河鲤鱼在此跃跃欲试，但大多数都无功而还，只有极少数不肯放弃的，历尽千难万苦才最终梦想成真。

事实上，我们恰如这群黄河鲤鱼一样，每个人都曾梦想着出人头地、幻化成龙，只是，大多数人中途放弃，最终无功而返，而只有一少部分人能够始终保持梦不褪色，满怀激情地去追逐，最终梦想成真。

梦想是什么？它是我们对于美好事物的憧憬与渴望，如果，我们放弃了对于美好的追求，那还有什么能够装点你的人生？还有什么能让你感到幸福？梦想就像我们生命中的启明星，纵然你暂时陷入了黑暗之中，它也会在前方为你闪烁着希望的光芒，如果你对它视而不见，那么你将会彻底迷失方向。很多人之所以感到人生索然无味，之所以越发迷茫，恰恰就是因为丢失了梦想。遗憾的是，这样的人却又不在少数。

这样的人，倘若你问他为什么活着，他多半会沉思良久，然后迷茫地望向远方。他们的人生，就像一辆不知驶向何处又不会停止的列车，就这样漫无目的地一路行驶下去……这样的人，倘若你问他什么是幸福，他多半会闭口不语，因为他多半不曾思考。

但可以肯定的是，幸福绝不是迷迷糊糊地过一生。人这一生，需要有一个理由让自己去奋斗，在奋斗中充实人生，在收获中感受幸福，而这个理由无疑就是梦想。

梦想虽然看不到、摸不着，但有心人却甘愿为之付出青春，

壹：别再得过且过，人生不能迷迷糊糊

这正是因为，梦想能使人幸福。曾有人问英国著名登山家马洛里："你为什么要去攀登世界最高峰？"马洛里回答："因为山就在那里。"其实，我们每个人心中都有一座山，只不过，有些人生性怯懦，畏缩不前；有些人信念坚定，即便山高路远，依然一往无前。不为别的，只为登上山顶，品尝一下成功的幸福。

其实，上帝是很公平的，他会给予每个人实现梦想的权利，关键看你如何去选择。琐事缠身、压力太大——这些都不应该是我们放弃梦想的理由。要知道，幸福感并不取决于物质的多寡，而在于心灵是否强大，没有梦想的灵魂真的是一种莫大的不幸！

事实上，我们完全可以让自己活得更丰富一些，不要再推说繁重的生活令你无暇顾及，这显然更像是一种托辞。梦想恰似那在水一方的伊人，离它越远她就越加美丽，越是在举步维艰之时，反倒越需要她的支撑。如果，我们心中没有这样一个美丽的存在，那么人生岂不是乏味之极？如果，人生连梦想都没有，那么还有什么值得我们品味呢？

再怎么说，有梦总是好的，至少说明生活还有盼头，纵使离梦想还有距离，但亦会因为心中有梦而感到幸福。倘若你不想人生百无聊赖，那么就请将梦想守住，因为梦想成就着你的人生，承载着你的幸福。

幸福箴言

梦想离我们并不遥远，只是我们想得太过艰难，其实只要你肯坚持，它多半不会令你失望。人生路上磕磕绊绊、走走停停，我们难免会有迷茫之时，但只要你怀揣着梦想，就不会迷失方向。为梦想而坚持，你将收获幸福的果实。

为人生点亮一盏明灯

没有目标的人生不会幸福，目标是人生的指南针，少了它人生便没了方向；没了方向，动力亦失。为人生点亮一盏明灯，让人生不止，奋斗不息，幸福就会被照亮。

天才发明家爱迪生曾经说过："如果想要获得成功，首先必须设定目标，然后集中精力向着目标迈进。"目标于人而言，就是人生航道上的灯塔，在不断为人生指引方向。目标会给予人一种期盼，会激发人进取的欲望。人一旦迷失了目标，便不再有动力，便无法把握自己的人生轨迹。

很多人之所以庸碌一生，就是因为他们总像无头苍蝇一样四处乱撞，东一榔头西一棒子地做着那些无用功。他们不知道，人生到了一定阶段以后，就必须为自己确立一个明确方向，并为这个理想矢志不移地去奋斗，唯有如此，我们才不会浪费生命中的黄金期，才有望为自己打下一番事业基础。

人必须要有理想，这俨然已是老生常谈，但扪心自问，真正拥有清晰目标并为之奋斗的，又有几人呢？恐怕多数朋友没有做到吧。

美国哈佛大学曾用时 25 年，以"目标对人生的影响"为内容，对一群各方面条件相差无几的大学生进行跟踪调查，结果发现：在这些年轻人中，有 27% 的人缺乏目标；有 60% 的人目标不够清晰；有 10% 的人有目标，且清晰，但只是短期目标；而只有 3% 的人，具有清晰的长期目标。

25年以后，那3%的大学生几乎都成了社会精英，其中包括创业成功者、行业领袖等等；10%具有短期目标的人一直生活在社会中上层，生活相对惬意；60%目标模糊者生活在社会中下层，衣食无忧，仅此而已；而27%没有目标者，则一直处于社会最底层，生活状况极不如意。

　　其实目标于我们而言，一如图纸之于大楼，大楼在建造之前，若没有一个准确、详细的蓝图，那么建造工程就会陷入盲目，或许到头来建成的只是一栋四不像的建筑。人生到了一定阶段，倘若依然漫无目的，或许余生便也只能得过且过了。

　　曾听过这样一个传说中的故事：

　　一位名叫贾金斯的年轻人看到有人在钉栅栏，便走过去帮忙。钉了几下，他觉得木头不够整齐，于是便找来一把锯；锯几下之后，他又觉得锯不够快，又去找锉刀；找到锉刀才发现，必须要给锉刀装上一个合适的手柄；这样一来，就免不了去砍棵小树；而要砍小树必须要把斧头磨快；要将斧头磨快，首先就要把磨石固定好；固定磨石要有支撑用的木板条，制作木条还需要木工用的长凳……贾金斯决定去求借所需要的工具，这一去就再也没回来。

　　贾金斯其人无论做什么都不能从一而终。他曾一心学习法语，但要完全掌握法语，必须对古法语有所了解，而要学好古法语，首先就要通晓拉丁语。

　　接下来贾金斯又发现，学好拉丁语的唯一方法，就是掌握梵文，于是他又将目标转向梵文。如此一来，真不知何年何月才能学会法语了。

　　贾金斯的祖上为他留下了一些财产，他从其中拿出10万美元创办煤气厂，但原材料——煤炭价格昂贵，令他入不敷出。于是，他以9万美元将煤气厂转让，继而投资煤矿。这时他又发现，煤矿开采设备耗资惊人。因此，他将煤矿变卖，获得8万美元，转投机器制造业……就这样，贾金斯在各相关工业领域进进出出，却始终一事无成。

他的情况越来越差，最后不得不卖掉仅存的股份，用来购买了一份逐年支取的养老金。然而，伴随着支取金额的逐年减少，他若是长命百岁，肯定还是不够用的。

贾金斯的失败在于，他的目标总是在不停地变动，如此一来，就不得不在各个目标之间疲于奔命，这样做，除了空耗财力、物力，空耗时间与人生，还能有什么呢？

所谓"样样通样样松""诸事平平，不如一事精通"，这是一种规律。戴尔·卡耐基在分析众多个人失败案例以后，得出这样一条结论——"年轻人事业失败的一个根本原因，就是精力太分散。"这是一个不争的事实，很多人生中的失败者，都曾在多个行业中滑进滑出。试想，倘若他们能够将精力集中在一点，在一个行业里孜孜不倦地奋斗下去，又何愁不能成为个中翘楚呢？

由此，我们可以得出这样一个结论：人生需要一个明确的目标，有了目标，我们才能少走弯路、直奔主题，否则便如同盲人一般，趔趔趄趄，难以走远。

据说，雪地行军是件危险的事，它极易使人患上雪盲症，以致迷失行进的方向。

但人们感到奇怪，若仅仅是因为雪的反光太刺眼，为什么戴上墨镜之后，雪盲症仍不可避免呢？

最近美国陆军的研究部门得出结论：导致雪盲症的，并非雪地的刺眼反光，而是它的空无一物。科学家说：人的眼睛其实总在不知疲倦地搜索世界，从一个落点到另一个落点。要是连续搜索而找不到任何一个落点，它就会因紧张而失明。

美国陆军对付雪盲症的办法是，派先驱部队摇落常青灌木上的雪。这样，一望无垠的白雪中，便出现了一丛丛、一簇簇的绿色景物，搜索的目光便有了落点。

真是这样，人生若是没有一个明确的目标，便会如雪地行军一样，不知道哪里才是眼睛的落点，到头来，只会让自己处于被动境地，即便目的地就在眼前，也可能视而不见。

我们或许并不需要什么特别伟大的目标，但这个目标必须要有，且必须切实可行，当然还要你肯为之奋斗。这样，你的人生便是有价值、有意义的，待他日老去，我们也不会为一生的碌碌无为而感到惭愧和遗憾。

幸福箴言

在这个世界上，希望改变自身状况、希望事有所成的人比比皆是，但真正能够将这种欲望具体化为一个清晰的目标，并矢志不移地为之奋斗的人却很少，到头来，欲望终究只是欲望而已。为了人生的幸福，我们显然不能再这样得过且过，此时此刻，我们必须为眼睛找一个落点，为人生确定一定方向，让梦想不再只是空想。

做出明智的职业选择

将工作做到优秀的唯一途径就是做自己喜欢做的事情，工作的最高境界就是快乐，一个人倘若连自己的工作都不喜欢，又谈什么做出成绩呢？是故成功学大师卡耐基告诉我们：做自己喜欢的工作，爱上你的工作。如果你热爱自己所从事的工作，那么工作再忙再累，对你来说，都是快乐充实的事情。

有人把职业当成事业，有人却把职业仅仅当成一种谋生的手段。如果说年轻时我们为了生存去从事自己并不感兴趣的职业。那么成熟以后，我们就应该去选择一条属于自己的发展之路，在自己感兴趣的行业里尽情地施展自己的才华。只有这样，人生才会完美，你才不会在自己老去以后留有遗憾。

告别校园，我们刚刚步入社会，很多人都经历过拿着简历四处奔走的往事，那个时代是别人挑我们的时代。为了生存，很多时候我们不得不从事自己并不感兴趣的职业，用那有限的工资解决自己的温饱问题。时光就这样一天天流逝，我们在社会里为自己打拼着，也忍受着不少挫折的磨砺，不知不觉有了一定的经验，人也越发成熟起来。这个时候的我们，办信用卡不再只是单纯地为了利用透支周转自己的资金；这个时候的我们，或许已经有了独当一面的才华和能力；这个时候的我们，再也不会因为自己买不起一件衣服而烦恼；这个时候的我们，已经学会了沉着冷静地去应对工作和生活中的各种问题和困难。总而言之，这个时候的我们，应该明白自己活在世界上最需要的是什么，那就是做自己想做的事，从事自己感兴趣的职业。

借问一句，你选择好自己感兴趣的职业了吗？不要小看这个问题，这很可能是一个改变人生的大问题。有些人尽管对自己现在所处的环境很不满意，也不会有魄力迈出那富有历史意义的一步。其实我们每个人从生下来就带有自己与众不同的特质，这些特质在无形中已经为我们规划了自己适合的行业。然而为什么有些人一辈子碌碌无为，有些人却能够成就自己一片精彩的天空呢？答案就在于有些人入对了门，从事了自己喜欢的行业，而有些人却从头到尾根本就不知道自己适合做什么。实验证明，一个人只有从事他自己感兴趣的行业时，才更容易做出成绩，因为他总是能从中收获快乐。现在的我们，正处在做事业的大好时光，你究竟是希望将自己的这段光阴花在自己不喜欢的事情上，还是喜欢的事情上呢？我想大家都不会是傻瓜。做自己喜欢的职业，不但可以让自己有所成就，更重要的是能够带给我们心情的舒畅和一种自我满足的感觉。这种感觉能够支持我们更好地走好人生接下来的路，把自己的生活经营得更舒心，更快乐。

李璐璐是个活泼开朗的女孩，喜爱唱歌跳舞，中专学的是幼师专业，但是她毕业后，父母却托人把她安排到了一个机关工作。

这份工作在外人看来是不错的，收入高，福利也很好。但李璐璐觉得机关的工作枯燥乏味，整天闷在办公室里，简直快把人憋疯了，她每天都迫不及待地要回家。可是回到家心情也不好，看见什么都烦，本来想着自己的男友会安慰安慰自己，可是偏偏男友又是个不善言辞的人，向他诉苦，他最多说："父母给你找这么一份好工作不容易，还是先干着吧。"

李璐璐很郁闷，工作没多久，她的性格就变了，整日郁郁寡欢。就这样一年又一年，李璐璐越来越无法接受自己工作的现状。终于，在她30岁的那年，她再也无法忍受办公室工作给她带来的痛苦，和自己的父母大吵一架后辞职了。

休息一个月后，李璐璐开始思考自己应该干些什么，于是她用自己多年的积蓄开始了她组建幼儿园的梦想。尽管中间有很多的困难，但是李璐璐却乐此不疲，最终李璐璐的幼儿园如愿以偿地开业了，她自己成了幼儿园的园长。虽然在父母看来做幼儿教师很没前途，但是李璐璐却非常喜欢自己的这份工作，也非常喜欢和孩子打交道。只要和孩子们在一起，她活泼快乐的天性就显现了出来。她又恢复了往日的自信和快乐，将自己的幼儿园办得有声有色，最终她的父母也因此而原谅了她。

  一个人只有在做自己感兴趣的事情的时候才会全情投入。诚然，拥有可观的收入和较高的社会地位固然很好，但是如果这一切给了你很大的压力，而且让你对自己的人生开始迷茫，那么这份职业不要又有什么关系呢？我们的人生不能只为了满足自己的那么一点点虚荣心活着，相反我们要找到自己真正喜欢的、擅长的工作，然后努力地坚持下去。

  想要活得幸福，就应该在人生的关键时期，做出自己的选择。你究竟是愿意守着别人的仰慕而过着自己并不快乐的生活，还是愿意从现在开始，放下一切，去追求自己心中一直向往的职业呢？哪怕它一开始的报酬并不是很高，哪怕它在别人眼中并不是一个很不错的饭碗，但是只要你喜欢，它就是有意义的。一份自己不喜欢的工作无异于一个沉重的包袱，它非但不能让你进步，还会让你失去快乐，并且疲惫不堪。选择一份自己真正感兴趣的职业，工作起来就能精力充沛。同时，一份合适的职业还会在各方面发挥你的才能。

  所以，从现在开始，丢掉你头脑中固有的思维模式吧，只要你能够成功地做出自己职业方向的选择，那么年龄稍大一点，同样可以实现自己心中的梦想。其实，人生最重要的是快乐，一份自己喜欢的工作会给你带来更多的快乐，给你带来一天的好心情。与其相比，金钱、地位都不重要，因为这个世界上没有人愿意将自己的快乐与其他东西进行交换。

幸福箴言

  人说"三百六十行，行行出状元"，但是这个状元一定是因为对

这个行业充满热爱才最终成功卫冕的。对于一个精力充沛的人来说，想成功并不是一件难事，关键就在于你有没有选对自己喜欢的职业。如果你真的喜欢这个职业，就用心地去经营它吧！相信在不久的将来，你一定会收获更多的惊喜和回报。

不要把自己困住

心，可以超越困难、突破阻挠；心，可以粉碎障碍；心，最终必会达到你的期望。然而，成功的最大的障碍，往往又是你的心！是你面对"不可能完成"的高度时，心为自己设定的瓶颈。

在生活中，我们每个人不可避免地会遭遇某些困难和挫折，如果能够找到症结所在并竭力突破，那么冲出之后便会海阔天空。如果不尝试突破自己，瓶颈就会变成铁闸，限制我们的进步和发展。

据说，成年章鱼的体重可达70磅，如此一个庞然大物，却拥有极度柔韧的躯体，若是它愿意，几乎能够将自己塞进任何一个地方。

章鱼最喜欢的事情，莫过于藏身海螺壳之中，待鱼虾靠近，突然发出致命一击——咬住它们的头部，瞬息注入毒液，然后美美地享用一顿。针对章鱼的天性，渔民们想出了一个绝招——他们用绳索将很多小瓶子串联在一起，投入海底。章鱼们一发现小瓶子，便趋之若鹜，最后成了渔民的"囚徒"。

事实上，将章鱼困住的并不是瓶子，而是它们自己。瓶子是死物，它不会主动去囚禁章鱼，反而是它们喜欢往狭小的洞口里钻，最终葬送了卿卿性命。

现实生活中,很多人的思想正与章鱼一样,他们一旦遭遇瓶颈,只知道将自己困于瓶底,却不懂得去突破、去争取,久而久之,他们的思想越来越狭窄,逐渐失去了原有的光芒。

西方有句名言:"一个人的思想决定一个人的命运。不敢向高难度的工作挑战,是对自身潜能的束缚,只能使自己的无限潜能浪费在无谓的琐事之中。与此同时,无知的认识会使人的天赋减弱,因为懦夫一样的所作所为,不配拥有生存状态之下的高层境界。"

事实上,一个人只要勇于突破自己的心态瓶颈,突破极限约束的阻碍,成功就不会太远。

举重项目之一的挺举,有一种"500磅(约227公斤)瓶颈"的说法,也就是说,以人体极限而言,500磅是很难超越的瓶颈。499磅纪录保持者巴雷里比赛时所用的杠铃,由于工作人员失误,实际上已经超过了500磅。这个消息发布以后,世界上有六位举重高手,在一瞬间就举起了一直未能突破的500磅杠铃。

一位撑杆跳选手,苦练多年亦无法越过某一高度,他失望地对教练说:"我实在是跳不过去。"

教练问道:"你心里在想什么?"

他回答:"我一冲到起跳位置,看到那个高度,就觉得自己跳不过去。"

教练告诉他:"你一定可以跳过去。把你的心从竿上摔过去,你的身子也一定会跟着过去。"

他撑起竿又跳了一次,果然一举跃过。

勇于向极限挑战,这是获得高标生存的基础。现实之中,很多人如你我一样，虽然才华横溢、能力不俗，却具有一个致命弱点——缺乏挑战极限的勇气，只愿做人生中的"安全专家"。对于偶尔出现的"大障碍"、"大困难"，他们不会主动出击，而是觉得"不可能克服"，因而一躲再躲，蜷缩不前。结果，终其一生也未能成事。

勇士与懦夫在世人心目中的地位，有着天壤之别。勇士受人尊崇，走到哪里都能闯出一片天地；懦夫遭人冷眼，不受待见，很难得到重用。一位企业老总在描述自己心目中的理想员工时，曾这样说道："我们所急需的人才，是有奋斗、进取精神，勇于向'不可能完成'的任务挑战的人。"可见，勇于向"瓶颈"挑战的人，如同"明星"一般，是人们争相抢夺的"珍品"。

在当今这个竞争激烈的大环境下，我们如果一直以"安全专家"自居，不敢向自己的极限挑战，那么在与"勇士"的对抗中，就只能永远处于劣势。当你羡慕、甚至是嫉妒那些成功人士之时，不妨静心想想——他们为何能够取得成功？你要明白，他们的成功绝不是幸运，亦不是偶然。他们之所以有今天的成就，很大程度上，是因为他们敢于向"瓶颈"挑战。在纷扰复杂的社会上，若能秉持这一原则，不断磨砺自己的生存利器，不断寻求突破，你就能够占有一席之地。

渴望成功——这是每一个人的心声。若想实现自己的抱负，从现在开始，你就不能再躲避，更不要浪费大把的时间去设想最糟糕的结局，不断重复"不能完成"的念头——因为这等于是在预演失败。

想要从根本上克服这种障碍，走出"不可能"的阴影、获得成功，你必须拥有足够的自信，用信心支撑自己完成别人眼中"不可能完成"的事情。

当然，在灌注信心的同时，你必须了解其"不可能"的原因，看看自己是否具备驾驭能力，如果没有，先把自身功夫做足、做硬，"有了金刚钻，再揽瓷器活儿"。要知道，挑战"瓶颈"只会有两种结果——成功或是失败，而两者往往只是一念之差，这不可不慎。

幸福箴言

极限绝非不可逾越，不可逾越的只有你心中的那道坎。如果我们想提升自己的价值，改变自己的生存环境，就必须努力去跨越这道坎。这样，人生才不至于黯淡无光。

事业常成于坚忍，毁于急躁

"事业常成于坚忍，毁于急躁。"坚忍是所有卓越人物的共性。一个人能否成功就在于，当目标确立以后，是不是可以百折不挠地去坚持、去忍耐，直至胜利为止。

刚强的性格永远是成大事者的基本特质。天下的事没有轻而易举就能获得的，必须要靠刚强的性格去征服。这是最基本的成功法则。一个人在成功之前，一定会遭遇到很多挫折，甚至遭遇某种程度的失败。在失败重重打击一个人时，最简单和最合乎逻辑的方法就是放手不干，大多数人都是这样想的，也是这样干的。

古今中外，众多的成功者并不是依赖机会或好运气，而是得力于他们坚韧不拔的精神。一个人要想成就一番大事业，都不可能一帆风顺。缺乏坚韧力是失败的主要原因之一，也是大多数人常见的共同弱点。但其实,这弱点是可以克服的。

朱威廉出生在美国南加州,父母都是上海人,经营着一家中餐厅,在经过最初的艰苦之后,生活变得越来越富足。大学之时,朱威廉攻读的是法律,出于对警匪片的喜爱,他从小就立志要当一名警察。终于,在大学末期,他前往洛杉矶当了一年的警察。不过,父母觉得这一职业太过危险,非常担心他的安全,所以更希望他能够回家继承家业。

然而,朱威廉并不喜欢经营餐馆,他觉得这种工作太过枯燥,与自己向往的生活相去甚远。而且作为一个男人,在自己家中做事,完全没有自我价值的体现,没有独立的感觉。所以,虽然为不使父母担心而放弃了警察职业,但朱威廉始终没有同意经营餐馆。

当时,中国正处于高速发展时期,许多外商都选择在中国投资。于是,1994年,朱威廉带着3万美金来到上海。他想得很天真,以为来了就可以成就一番大事业。可到了上海他才发现,自己的想法竟是如此幼稚——别人投资动辄几十万甚至几百万美金,而自己只有区区3万。而且,他一到上海就住在了高级宾馆中,每晚至少要花费200美金。半年之内,朱威廉连续搬家,从五星级宾馆到四星、三星、两星、一星、没星,最后落魄到租住一间二十多平方米的旧民房,连空调都没有安装。这时候,他的口袋里只剩下了几千块美金。

到了山穷水尽的时候,他也打过退堂鼓,觉得在中国做事业太难,人多,竞争也大。有一次,他都到了机场,甚至连行李都已办完托运。可坐在机场休息大厅里一想"就这么回去多没面子啊!"以前来自家餐厅吃饭的多是中国人,很多人都会大叫:"我要回中国做生意去了。"但过了三四个月,再回来以后,就什么都不说了,在朱威廉看来,这些人就像是夹着尾巴逃回来一样,往往成为大家的笑柄。如果就这样回去，那岂不是和他们一样了吗？这会被朋友笑死的！

于是，在飞机起飞前，朱威廉又决定重振旗鼓，从头开始，背水一战！

创业之初，他只有一个15平米的办公室，一台从美国运来的苹果机，后来招聘了两名员工，有了一点小小的知名度。那时，朱威廉还亲自跑业务，并且一连做成了几笔小生意，有了成绩，他又在大学里招了几名员工。可是好景不长，他的业务经理挖了自家墙角，将大部分员工带走另起炉灶。朱威廉的账户里就只剩下两三百元人民币了。这件事给了他很大刺激，同时也给予了他极强的动力，他越发努力起来。几年以后，他获得了"沪上直邮广告大王"的美誉，他的总公司设在上海，员工人数达九十余名，此外，在北京、重庆，朱威廉又都设立了分公司。1997年，他的公司成功加盟世界上最大的广告集团。

刚到上海时，朱威廉觉得中国的人文环境与美国文化背景差异很大，总是和人沟通不到一起去，他几乎没有朋友。一个人很孤独。于是，朱威廉经常在网上写些东西，开始的时候，只是放到其他网站上，后来就想拥有一个属于自己的、比较安静的"地盘"，可以让大家都来真诚地写点东西，互相交流一下。在这种想法的驱使下，朱威廉开设了"榕树下"网站，他先把自己写的东西放上去，后来，"路过此地"的人也开始投稿。这些文章一开始都是先投到他的信箱中，由他编辑好后再放到网站上，这样就可以控制稿件的质量。开始时，每天只有一篇、两篇，后来越投越多，多到每天接近上百篇。这样一来，朱威廉一下班就得回家进行更新，根本没有时间处理其他事情。有一次他去伦敦开会，在那里更新网站，结果花了一千多英镑。

长此以往不是办法，他决定成立一个编辑部。1999年1月，"榕树下"编辑部正式成立，设有十几位编辑，原来都是"榕树下"的作者。当时他做梦也没想到，"榕树下"后来会成为影响网络文学发展的一个重要网站。朱威廉以自己广告公司的赢利来养着"榕树下"，仅在最初的半年，开支就超过了百万元，但他并没有后悔，因为"榕树下"的点击率、访问人数在成倍增长，越来越多的人喜欢上了"榕树下"。

作家王安忆曾说道——"榕树下"是"前人栽树，后人乘凉"，这让朱威廉非常感动，或许这正是对他坚持理想的一个最大赞誉。

开弓没有回头箭，箭簇一旦射出，必然是有去无回。人生同样如此，迈出脚步以后，若发现路上设有障碍，不妨绕过去或是另辟蹊径，但绝对不能后退到原点，这是有志之士所必须奉行的一种坚持！

做人，不能让外在力量影响你的行动，虽然你必须对压力做出反应，但你同样必须每天以既定方针为基础向前迈进。用你对成功的想象来滋养你的强烈的欲望，让你的欲望热情燃烧，最好能烧到你的屁股，随时提醒你不可在应该起来行动时，仍然坐待机会。

联想到我们日常的工作和生活，遇到失意或悲伤的事情时，我们一样要学会调整自己的心态。如果你的演讲、你的考试和你的愿望没有获得成功；如果你曾经因为鲁莽而犯过错误；如果你曾经尴尬；如果你曾经失足；如果你被训斥和谩骂……那么请不要耿耿于怀。对这些事念念不忘，不但于事无补，还会占据你的快乐时光。抛弃它吧！把它们彻底赶出你的心灵。如果你的声誉遭到了毁坏，不要以为你永远得不到清白，怀着坚定的信念勇敢地走向前吧！

《王竹语读书笔记》中写道："忍耐痛苦比寻死更需要勇气。在绝望中多坚持一下，终必带来喜悦。上帝不会给你不能承受的痛苦，所有的苦都可以忍。"是的，30岁的男人只要具备了坚忍的品质，便可以苦中取乐，若懂得苦中取乐，则必然会苦尽甘来。

佛教中认为人有生苦、老苦、病苦、死苦、爱别离苦、怨憎苦、求不得苦及五阴炽盛苦这八苦。其实，对于我们而言，在追求事业成功的道路上岂止只有八苦？我们要面对工作之苦、环境之苦、气候之苦、身体之苦，甚至是背井离乡之苦、抛妻别子之苦、寂寞孤独之苦、上当受骗之苦、挫折失败之苦乃至于血本无归之苦等等。对于这么多苦，如果我们都能从容面对、积极克服，那还有什么困难不能克服的呢？世人都认为能满足心愿就是快乐，可这种愿望常常被快乐引诱到痛苦中；达士平日能忍受各种横逆不如意的折磨，在各种磨炼中享受奋斗抗争之乐，最终换来真快乐。

正如古语所云："宝剑锋从磨砺出，梅花香自苦寒来。"宏图大业不是异想天开、一蹴而就的，不经一番风霜苦，哪有梅香扑鼻来？成大功、立大业者，都得经过艰苦卓绝的奋斗、不同寻常的忍耐，几乎可以说，任何人所能取得的成就，基本上都是在坚忍中一点一滴积累起来的。细节上渐渐积累，战略上目光长远，进取心百折不挠，方可替自己事业的成功奠下厚实的基石。

做人的道理，就好比堆土为山，只要坚忍下去，总会有成功的一天。否则，眼看还差一筐土就堆成了，可是到了这时，你却歇了下来，一退而不可收拾，也就会功亏一篑，没有任何成果。所以说，只有勤奋上进，不畏艰辛一往无前，才是向成功接近，获取幸福的最好途径。

幸福箴言

其实，生活的现实对于我们每个人本来都是一样的。但一经各人不同"心态"的诠释后，便代表了不同的意义，因而形成了不同的事实、环境和世界。心态改变，则事实就会改变；心中是什么，则世界就是什么。心里装着哀愁，眼里看到的就全是黑暗；心里装着信念、装着坚忍，你的世界亦会随之刚强起来。

脑袋空空，口袋空空；脑袋转转，口袋满满

想法与前途密切相关，一个人只有拥有坚定的想法才能无惧生活中的困难挑战，始终坚定地为自己的理想而努力，也只有这样的人才能拥有美好的前途，收获想要的幸福。

人是自己思想的主宰者，持有应对任何境遇的钥匙。一个人，能否掌握成功的关键，就在于你能否用积极的想法主宰自己。你既可以错误地滥用思想，放纵自己、摧毁自己，最终堕落为平庸之辈，也可以正确地选择思想并付诸实践，从而达到神圣完美的境界，收获硕果累累的明天。只要下定决心，认真去做，你完全可以实现自己的意愿，使自己成为自己想成为的那种人。

1970年7月，高欣出生于东北一普通工人家庭。高考落榜，就进了一所职业高中读酒店管理专业，可眼看即将毕业，又因打架被学校开除。高欣的母亲非常失望，当面追问他："明年的今天你干什么？"

1988年，高欣离开学校，开始闯荡社会。卖过菜、烤过羊肉串……他慢慢明白了生活的艰辛。1989年4月，一家饭店公开招人，这是东北最好的五星级酒店之一。

1991年秋天，香港富商李嘉诚下榻该饭店，高欣给李嘉诚拎包。

饭店举行了一个隆重的欢迎仪式，一大群人前呼后拥着李嘉诚，他走在人群的最后一位。他清楚地记得那两只箱子特别重，人们簇拥着李嘉诚越走越快，他远远地被抛在了后面，气喘吁吁地将行李送到房间，人家随手给了他几块钱的小费。身为最下层的行李员，伺候的是最上流的客人，稍微敏感点儿的心，都能感受到反差和刺激。高欣既羡慕，又妒忌，但更多的是受到激励。"我就想看看，是什么样的人住这么好的饭店，为什么他们会住这么好的饭店，我为什么不能？那些成功人士的气质和风度，深深地吸引着我，我告诉自己，必须成功。"

1991年11月，高欣做了门童。门童往往是那些外国人来饭店认识的第一个中国人，他们常问高欣周围有什么好馆子，高欣把他们指到饭店隔壁的一家中餐馆。每个月，高欣都能给这家餐馆介绍过去两三万元的生意。餐馆的经理看上了高欣，请他过来当经理助理，月薪800元，而高欣在饭店的月收入有三千多元，但他仍旧毫不犹豫地选择了这份兼职。他看中的并非800元的薪水，而是想给自己一个机会。

为了这份兼职，高欣主动要求上夜班。但仅过了4个月，高欣的身体和精神都有些顶不住了。他知道鱼和熊掌不能兼得，他必须做出选择。

高欣在父母不解的眼光和叹息中辞职，进了隔壁的餐馆，做1个月才拿800块工资的经理助理。可事情并没有像当初想象的那么顺利，经理助理只干了5个月，高欣就失业了，餐馆的上级主管把餐馆转卖给了别人。

闲在家里，高欣不愿听家人的埋怨，经常出门看朋友、同学和老师。一天，他去看幼儿园的一位老师。老师向他诉苦：我们包出去的小饭馆，换了4个老板都赔钱，现在的老板也不想干了。高欣眼中一亮，忙不迭地问："怎么会不挣钱？那把它包给我吧。"于是，高欣用1000元起家，办起了饺子馆。

来吃饺子的人一天比一天多，最多的时候，一天营业额超过了5000块钱。为了进一步提高工作人员的积极性，高欣想出了一招，将每个星期六的营业额全部拿出来，当场分给大家。这样一来，大家每周有薪水，多的时候每月能拿到4000元，热情都很高。一年下来，高欣自己挣了十多万元。

高欣初获成功，他又寻思着更大的发展。1993年1月，他在火车站开了一家饺子分店。一个客人在上车前对他说："哥们儿，不瞒您说，好长时间以来，今天在这儿吃的是第一顿饱饭。"当时高欣就想，为什么吃海鲜的人，宁愿去吃一顿家家都能做、打小就吃的饺子呢？川式的、粤式的、东北的、淮扬的，还有外国的，各种风味的菜都风光过一时，可最后常听人说的却是，真想吃我妈做的什么粥，烙的什么饼。人在小时候的经历会给人的一生留下深刻印象，吃也不例外。

一有这样的想法，他就着手实施，随即他终于领悟到了自己要开什么样的饭馆了。他要把饺子啦、炸酱面啦、烙饼啦，这些好吃的、别人想吃的东西搁在一家店里，他要开家大一些的饭店。

他以每年10万元的租金包下了一个院子，在院里拴了几只鹅，从农村搜罗来了篱笆、井绳、辘轳、风车、风箱之类的东西，还砌了口灶。"大杂院餐厅"开张营业了。开业后的红火劲儿，是高欣始料不及的，高欣觉得成功来得太快了。三百多平方米的大杂院只有一百多个座位，来吃饭的人常常要在门口排队，等着发号，有时发的号有七十多个，要等上很长一段时间才有空位子。"大杂院"不光吸引来了平头百姓，一些名人也慕名而来。

后来，大杂院的红火已可用日进斗金来形容。每天从中午到深夜，客人没有断过，一天的营业流水在10万元以上。3年下来，有人估算，高欣挣了1000万元。

想法决定一个人的活法。天是同一个天，地是同一个地，一样的政策，甚至一样的学历，一样的班级，一样的年纪，为什么有些人可以月赚万元乃至数十万元，有些人却只能维持温饱？许多人百思不得其解，总是认为自己运气不佳。其实金钱来源于头脑，财富只会往有头脑的人的口袋里钻，正所谓"脑袋空空，口袋空空；脑袋转转，口袋满满"。人与人的最大差别是脖子以上的部分。

有人长期走入赚钱的误区，一想到赚钱就想到开工厂、开店铺，这一想法不突破，就抓不住许多在他看来不可能的新机遇。真正想一想，成功与失败，富有与贫穷，只不过是一念之差。

（1）有些人相信获得财富靠规律，有些人相信获得财富靠运气。

有些人相信今天穷富与否都由自己创造，一定有规律，而当他找到这一规律时，他就能够不断地复制财富。而有些人相信财富靠运气，所以他们的思维模式经常是找借口、抱怨、怨天尤人、否认一切，却从来没有反省自己有什么问题。

（2）有些人看到的是机会，有些人看到的是困难。

在创造财富的过程中，大家可能会遇到问题、挫折、挑战、磨难，甚至打击，有些人想的是全力以赴采取行动创造财富，所以他们在这个过程当中永远看到的是机会。有些人也天天想赚钱，但当他看到机会的时候，习惯性思维首先想到的是困难，结果就不敢去闯了，说"算了，我放弃吧，风险太大了，再换下一个"，养成的是放弃的习惯。

（3）有些人相信我大过问题，有些人觉得问题大过我。

在成功的过程中，没有人不会遇到困难，没有人不会遇到挑战。有些人成功不是因为他们命好，不是他们遇到的问题少，而是他们有一个坚定的信念，告诉自己"我大过问题"，我一定能够找到解决问题的方法和策略。可是有些人遇到困难就缩手缩脚，就放弃了，

就讲一些消极的话:"这个很难;这个不可以;这个做不到;我真的没办法去解决它;这个不是我能做的……"总是觉得问题大过我。

（4）有些人看到的是"价值",有些人希望得到的是"免费"。

有些人经常向成功的人学习,甚至付费来获得宝贵经验,因为他们想到的是"价值"。当然有的人也会向别人请教,但他们经常问的都是跟他同一格局的人,比如父母、同学、同事等等,虽然这些人提供的信息都不需要向他收费,但又能有多少价值呢?所以,他们的收入是经常和他在一起的 5 个人的平均值。

（5）有些人想的是"赢大",有些人想的是"输小"。

如果你的人生是以"赢"为主,是以"赢更多"为目的,那么你的想法、策略、信念、状态就是积极向上的。如果你是想不输,你的生活大部分都会徘徊在盈亏线上。"在这个世界上真正的风险就是不敢冒任何风险"。在成功人的观念中,风险越高,回报也越高,如果有 30% 的把握,那就不妨拼一下;而有些人想的是我千万不能输,要输的话尽量少输一点,不然我生活就没办法,这样想就把自己拘束住了,机会来了犹犹豫豫,反而容易失去,容易亏损。

（6）有些人热爱并善于销售和宣传,有些人讨厌销售和宣传。

如果你跟某些人说某某销售工作多么棒,有些人就会想:神经病,我才不去呢!太丢脸,那是没本事的人才干的。可是也有人却热爱销售,喜欢销售,乐意跟人打交道,愿意把自己的产品跟别人分享。其实宣传和销售是非常有用的,再伟大的产品,再伟大的点子,再伟大的理念,没有销售,没有宣传,谁又知道呢?

（7）有些人以结果为导向、乐意付出,有些人以时间为导向,不会付出。

有些人愿意付出,愿意贡献,并且懂得接受,他很乐意接受成功,接受困难,接受挑战。同时他也乐意付出,就像氧气吸进来,也要呼出去一样,这样财富才能流动。就像比尔·盖茨已经把自己财富的 99% 捐给了自己的基金会。其实捐的越多，赚的就越多；付出的更多，得到的就更多。可是另一些人不懂得接受，不懂得付出，基本上他们的生活模式是以时间为导向，也就是说他打工一天 8 个小时，下班了，就结束了，整天考虑的是如何打发时间，他们不知道这些时间能为他做什么，不知道能为他创造什么。

（8）有些人让金钱努力地为自己工作，有些人让自己努力地为金钱工作。

有些人赚钱都不辛苦，因为他们用钱赚钱。而大部分人拼命为钱干活，今天加班，明天加点，也是想得到更多的财富，可还是赚钱效率不高。也就是说，成功的人努力想法儿让金钱为他们创造财富，而另一些人努力想法儿拼命干活创造财富。如果我们今天为钱努力地工作，那么就要花费很长时间才能获得自由。可是让钱为我们努力工作，我们就能更轻松地获得财务自由、时间自由和生活方式的自由。

幸福箴言

想法不对，努力白费，想法比努力更重要！今天的市场经济，大鱼吃小鱼，更是快鱼吃慢鱼，是观念的更新，是想法的变革，是头脑的竞赛。一个人，想要改变今天的贫穷局面，首先就要改变想法，学习那些成功人士的赚钱想法。

贰
降低过高期望,鞭策不是自我惩处

倘若总是对自己的期望值太高,这样无论何时都不会感到快乐。因为一旦这个期望无法达成,心中必然会产生不满。所以,当你因为无法达成心愿而感到困苦时,不妨尝试降低自己的期望值,降低自己相对的欲望,让生活平实一些,权当是一种休息。或许,换一种心境,你就能找到幸福的感觉。

完美可向往，但不可奢望

似乎，这世界上的每一个人都在潜意识中竭力追求着完美，但遗憾的是，我们迎来的却是一个又一个的不完美。将完美当作理想的寄托点，本无可非议，但若过分执着于完美，就一定会让自己彻底迷失，因为理想中的完美绝对是虚无缥缈的，任何一种真实的事物都有它不可避免的缺陷。

许多人在年轻时，都倾向于为自己、为未来、为世界设定一个心目中的完美形象，而不肯承认现实是什么。不论自己有多能干，事业有多么成功，他们总是觉得和自己的理想中有差距，现实中的一切都是有缺陷的，因而他们总是处在不满足的状态。为了认定自己是否符合心目中的完美形象，他们总是在不断提高自我要求，却从来没有想过自己只是在追赶幻影。

古代西方有则流传很广的故事：

德尔斐传"神谕"的女祭司告诉苏格拉底的朋友说，苏格拉底才是人间最聪明的人。苏格拉底感到自己并不聪明，于是去证实这个"神谕"。他到处去找有知识的人谈话，其中有政治家、诗人、工匠等。结果证明这些人并没有知识，因而发现"那个神谕是不能驳倒的"，于是，他反省自问，自己的聪明究竟表现在哪里？他觉得自己其实很无知，因而推论到"自知自己无知"正是聪明之所在。

无独有偶。老子也言："知不知上，不知知病。"自知自己不知才是最上等、最聪明的人。看来，自知自己无知才是真聪明，相反，自认为自己博学多知，甚至能智胜天下者，倒可能是真糊涂。

绝对的完美主义者，他的内心不可能平和，他的生活中也不会遇到真正的幸福，而且，今后可能也不会遇上。人们对事物一味理想化的要求导致了内心的苛刻与紧张，内心的紧张又使他们更加苛刻地要求自己。所以，完美主义与内心放松满足相互矛盾，两者不可能融入同一个人的人格。事物总是循着自身的规律发展，即便不够理想，它也不会单纯因为人的主观意志而改变。如果有谁试图使既定事物按照自己的要求发展变化而不顾客观条件，那么他一开始就已经注定失败了。

有缺陷并不是一件坏事，那些自认为自身条件已经足够好以至于无可挑剔、不必改变现状的人往往缺乏进取心，缺少超越自我，追求成功的意志，相反，承认自己的缺陷，正确认识自己的长处与短处，却可以使我们处在一种清醒的状态，遇事也容易做出最理智的判断。

《金鱼和渔夫》这则神话，人人都知道。神话中，渔夫那贪婪的妻子总是苛求金鱼给她更多，终于落到了和以前一样贫穷的命运。现实中，我们许多人都过得不是很开心、很惬意，因为他们总存有这样或那样的不满，他们没有看到自己幸福的一面。

正确地看待自己的不足，有什么不好呢？有一个故事也许能让我们有所感触：

有一个人对自己坎坷的命运实在不堪重负，于是祈求上帝改变自己的命运。上帝对他承诺："如果你在世间找到一位对自己命运心满意足的人，你的厄运即可结束。"于是此人开始了寻找的历程。一天，他来到皇宫，询问高贵的天子是否对自己的命运满意，天子叹

息道："我虽贵为国君，却日日寝食不安，时刻担心自己的王位能否长久，忧虑国家能否长治久安，还不如一个快活的流浪汉！"这人又去询问在阳光下晒着太阳的流浪人是否对自己的命运满意，流浪人哈哈大笑："你在开玩笑吧？我一天到晚食不果腹，怎么可能对自己的命运满意呢？"就这样，他走遍了世界的每个地方，被访问之人说到自己的命运竟无一不摇头叹息，口出怨言。这人终有所悟，不再抱怨生活。说也奇怪，从此他的命运竟一帆风顺起来。

也许你会说："我并非不满，我只是指出还存在的问题而已。"其实，当你认定过错时，你的潜意识已经让你感到不满了，你的内心已不再平静了。一床凌乱的毯子、车身上一道划伤的痕迹、一次不理想的成绩、数公斤略显肥胖的脂肪……种种事情都能令人烦恼，不管是否与你有关，是否是你的责任。这种苛求甚至发展到不能容忍他人的某些生活习惯。如此，你的心思完全专注于外物了，你失去了自我存在的精神生活，你不知不觉地迷失了生活应该坚持的方向，苛刻掩住了你宽厚仁爱的本性。

没有人会满足于本可改善的不理想现状。所以，你应努力寻找一个更好的方法：你要用行动去补足缺陷，而不是"望洋"空悲叹，一味表示不满。同时你应认识到：自己总能采取另一种方式把每一件事都做得更好。但这并不是说你已经做了的事情就毫无可取之处，我们一样可以肯定自己已经完成的事物成功的一面。有句广告词不是说："没有最好，只有更好"吗？所以，不要苛求完美，它根本不存在。

当你认为情况应该比现在更好时，就请把握住自己，理智地提醒自己，现实中的自己其实很好。如果有过于要求完美的心理趋向，就赶快治疗！当你摒除自己苛刻的眼光时，一切事物都变得美好起来了。不要刻意追求完美，你会感觉到生活充满明媚的阳光。

幸福箴言

人这一辈子，就是在得与失之间轮回，任何事都不可能尽善尽美，因而我们没有必要太过苛求。不过，不奢求完美但我们可以向往，我们可以尽量做到更好：让孩子健康成长；让父母老有所依；让朋友放心托付；让自己问心无愧。事实上，幸福就是这么简单。

别对自己太"狠"

毫无疑问，每个人都有自己的抱负，志存高远也无可厚非。但如果将目标定得太高，实现起来难度太大或者说根本实现不了，就会令自己郁郁寡欢，这俨然是在自寻烦恼。

现代社会是个人与人竞争激烈的社会，现代社会也是个压力巨大的社会。人们为了在竞争中不被淘汰，不断提高对自身的要求，相信"有压力才有动力"。事实上，压力既是推动人前进的"推进器"，也会变成破坏人生的"定时炸弹"。我们不但要学会给自己加压，防止松懈，也要学会给自己减压，让生活中多一点轻松自在。

过高地要求自己，是吞噬生命的无底洞，它需要拼尽全部的心力才能满足，这样，奋斗的过程只剩下压抑感和紧张感，乐趣全失。时间一久，内心便会产生无法排解的疲劳感，整个人就像被蠹空的大树，虽然外面看起来粗壮，稍遇大风雨就会拦腰折断。

人，其实是一种很简单的生物，事情做成了就高兴，失败了就

贰：降低过高期望，鞭策不是自我惩处

生气。既然如此，何必把要求定那么高呢？辛弃疾在《沁园春·戒酒》词中有两句话："物无美恶，过则为灾。"对自己的要求也是这样。严格要求自己，永不满足，不断上进，本是人生的进步动力，然而，给自己设下过高的目标，太过严厉地要求自己，能否达成目标不说，最起码会失去很多人生的乐趣。

股神巴菲特提到自己的行动指南说："我们专挑那种1尺的低栏，而避免碰到7尺的跳高。"在成为人中之龙的拼杀中，有几人能最终胜出？又有多少人夭折在了半路上？量力而行，不强求、不强取，过平常人的安稳日子，或许也是一种不错的选择。

有一位同学，他在高中时立下志愿，一定要考上名牌大学。他功课的底子并不好，为了能实现自己的愿望，他每天在别人还没起床的时候就去读外语；晚上别人都睡了，他还在做习题。课外活动一概不参与，同学一块玩更没他的影子。过重的学习负担不但给他造成了巨大的身心压力，还让他的性格变得沉闷、封闭。他就在紧张、疲惫中度过了高中生活最终也没能考进理想大学。日后同学聚会，别人都聚在一块兴致勃勃地回忆当年的快乐时光，只有他一个人默默无语，因为他的高中生活除了紧张的学习，实在没剩下什么。

北宋开国皇帝赵匡胤称帝后，他母亲杜太后不但不高兴，反而显出忧虑的神色。旁人不解，问她为什么，杜太后说了一番话：我儿能做上皇帝，我当然很高兴。可是皇帝这个位子，天下人人想坐，弄不好就要被人抢去，如今天下又不太平，我儿能荡平天下当然好，如果不能，恐怕到时候连个普通老百姓都做不了。想到这些，你说我能不忧虑吗？

俗话说："吃多少饭端多大碗。"过分地对自己高要求，希望以此鞭策自己不断前进，只会适得其反。马儿是要鞭打，跑得才快，但是再健壮的骏马也要休息，倘若骑手不顾马命，一味鞭策，坐骑就有累死的危险。马儿如此，人又何尝不是呢？所以，把标杆降低点，对自己要求低一些，也许你会活得更轻松。

降低对自己的要求不是放纵堕落，而是基于对自己的能力，对自己奋斗能得到的成果，对放松能得到的生活乐趣三者权衡利弊作出来的决定。漠视个人能力的局限，只会劳而无功。

降低对自己的要求就是要相信没有人是无所不能的，相信再坚强的人也会有疲惫的时候。努力拼搏，就像在人生路上猛跑，降低要求就是放慢脚步，去看看路边的风景。终点撞线的荣光固然可羡，路边的风景也是同样的美丽，甚至比终点的光荣还有价值。说到底，人生毕竟是旅途，不是谁设定好的竞赛。

幸福箴言

很多人都有这样的偏执——他们对自己要求太高，近乎苛刻，常因小小瑕疵而自责不已。说起来，这样的人活得真的很累。其实，人生需要更多的是激励，而不是自我惩处，为减少我们生命中的负累感和挫折感，我们有必要降低对于自身的期望，如此，心情真的会舒畅许多。

何必比着活

人一旦有了攀比之心，则不免终日为其所累，去追寻那些多余的东西，空耗年华，难得安乐。

他是他，你是你，他有的你不一定有，你有的他也未必有，为什么一定要和他人攀比呢？正所谓"尺有所短，寸有所长"，山羊矮自有矮的好处，骆驼高也有高的优势，正确地认知自己，不盲目地与人做比较，你才会过得幸福。

然而很多人并不是这样，他们聚在一起就要攀比：比事业、比地位、比房子、比车子、比银子……于是，越比越急、越比越累。老实说，这种烦恼都是自找的！为何不让自己轻松一些？

是的，尽管我们都知道"人比人，气死人"的道理，可在生活中，我们还是要将自己与周围环境中的各色人物进行比较，比得过的便心满意足，比不过的便在那儿生闷气发脾气，这其实都是我们的攀比之心在作怪，说白了还是虚荣心在那里作怪。有这种心理的人，会将别人的任何东西都拿来与自己的进行比较：家里住多大的房子、有什么样的车子、花钱的派头、地板砖的质地、孩子的学习，当然更多的就是比谁家住的、吃的、用的、玩的更阔气！

在我国历史上也常有互相攀比的故事发生：

北魏时期河间王琛家中非常阔绰，常常与北魏皇族的高阳进行攀比，要决一高低。家中珍宝、玉器、古玩、绫罗、绸缎、锦绣，无奇不有。有一次王琛对皇族元融说："不恨我不见石崇，恨石崇不见我！"而石崇本身就是一个又富贵又爱攀比的人。

元融回家后闷闷不乐，恨自己不及王琛财宝多，竟然忧虑成病，对来探问他的人说："原来我以为只有高阳一人比我富有，谁知道王琛也比我富有，唉！"

还是这个元融，在一次赏赐中，太后让百官任意取绢，只要拿得动就属于你了。这个元融，居然扛得太多致使自己跌倒伤了脚，太后看到这种情景便不给他绢了，被当时人们引为笑谈。

分析人之所以乐于攀比不疲的原因，实际上是一个面子问题。

人生在世，但凡是个正常的人，多多少少都有些虚荣，虚荣本来无可厚非，但虚荣过火便会令人生厌。这攀比就是因过度虚荣而表现出来的一种让人讨厌的性格特征。

攀比有以下害处：

一、令人情绪无常。当攀比之后，胜了别人，立刻情绪高涨，自大狂妄，以为天下惟有我是最了不起的；可是比得过甲，不见得比得过乙，不如乙的时候立刻情绪低落，感觉脸上无光，一点面子没有，恨不得找个缝隙自己钻进去。

像元融，见别人的财富珍宝多过自己，立刻满脸忧虑，甚至都愁出病来。

二、易伤害交际感情。人在社会中，必须与他人交往，如果你在群体中不是去攀比甲，就是攀比乙，在攀比之中会伤害和你交往的对象。比得过，你便轻视别人，看不起别人，从而不尊重别人，别人只能对你不置可否；比不过的，你会满含妒意，或造谣、或诬陷，对人用尽一切诋毁之手段，同样会伤害别人的感情，破坏良好的交际关系。大家最后都懒得与你来往。

三、攀比易使人走上歧途。当你所使用的手段不是那么正大光明时，比如，你通过贪污受贿来扩大自己的财富，好去虚荣地攀比，那么总有一天你会锒铛入狱的。

很多人并不认为自己是攀比，而认为自己的花钱多、购物多、上档次、穿名牌、拿手机、玩掌上电脑是讲究生活品质，自诩自己的那些一掷千金的举动是"为了追求生活品质"！

实际上，那些真正讲究生活品质的人并不是体现在表面上，也不是纯粹表现在物质这个浅层次上，"讲究生活品质"只不过是为自己肤浅的攀比行为打掩护。你只要在镜中照一下自己眼角的那种不屑、那种自满，你就会明白"生活质量"不过是攀比、炫耀的代名词！事实上，这只不过是失去了求好的精神，而将心灵、目光专注于物质欲望的满足上。在一个失去求好精神的社会中，人们误以为摆阔、奢侈、浪费就是生活品质，逐渐失去了生活的实质，进而使人们失去对生活品质的判断力，攀比着追逐名牌，追逐金钱，追逐各种欲望的满足。难怪人们在物质欲望满足之际，却无聊地在那儿打哈欠呢！无聊地陷入虚空！

但很多人还是在羡慕那些住大房子、开名牌车、穿着入时的人，以为那才是生活，那才是生活的本质，于是这些人不择手段地去追求，甚至到心力交瘁的地步。奉劝大家一句，如果你是一个攀比的人，一个试图攀比的人，那么请停下你的脚步吧。别让虚荣阻碍了你享受生活。攀比让你的虚荣心满足，可为了这满足你却付出了巨大的代价：想方设法、不择手段、焦头烂额、心力交瘁，更大的代价是你忘了生活中还有比攀比更让人感到愉悦的事情。

你要去创造自己的生活品质。真正的生活品质，是回到自我，清楚地衡量自己的能力与条件，在这有限的条件下追求最好的事物与生活。生活品质是因长久培养了求好的精神，从而有自信、丰富的内心世界；在外可以依靠敏感的直觉找到生活中最好的东西，在内则能居陋巷、饮粗茶、吃淡饭而依然创造愉悦多元的心灵空间。

幸福箴言

与别人攀来比去，最后除了虚荣的满足或失望之外，还剩下什么？有没有意义？是徒增烦恼还是有所收获？最后思考的结果即毫无意义。你感到无意义，自然就会停止这种无聊的行为。我们要知道，生活是自己的，只要自己过得开心、舒适就好，何必让有害无益的攀比损害自己的幸福呢？

知足者能常乐

人不可能抛弃名利，完全满足于清淡生活，但对那些不必要的欲望，至少应当有所节制。一个人的欲望越多，他所受到的限制就越大，一个人的欲望越少，他就会越自由、越幸福。

佛经云："汝等比丘，若欲脱诸苦恼，当观知足。知足常乐，即是福乐安稳之处。知足之人，虽卧地上，犹为安乐；不知足者，虽居天堂，亦不称意。不知足者，虽富而贫；知足之人，虽贫而富。不知足者，常为五欲所牵。"可见，做人，不可让过多的欲望堵塞心智，蒙蔽双眼。物欲过多，则灵魂变态，人将永不知足，以致精神上永无宁静、永无快乐。

知足常乐，任谁都能读懂的四个字，可真正做起来又是何其不易！大千世界、芸芸众生，有几人能够悟透这种境界？尤其是在这纷繁复杂的社会中，我们究竟怎样才能避开"不知足"的诱惑呢？俗语说"知足天地宽，贪则宇宙窄"。是的，只要我们放下利欲之念，珍惜所拥有的一切，就能在知足中进取，快乐便会永远陪伴左右。

可是，在浮躁的社会中，浮躁的自己往往很难按捺住这颗躁动的心，于是我们因为"不自知"不断地去争、去取、去夺，然而，成功和满足却依旧离我们那样遥远。即便真的很困、很累、很疲倦，但我们却从不肯让自己歇息片刻，而这一切只是为了"知足"。殊不知，凡事没有最好，只有更好，你若得陇望蜀，那么就永远也无法获得满足。

古希腊哲学家苏格拉底还是单身的时候,和几个朋友一起住在一间只有七八平方米的房子里,但他却总是乐呵呵的。有人问他:"和那么多人挤在一起,连转个身都困难,有什么可高兴的?"

苏格拉底说:"朋友们在一起,随时都可以交流思想,交流感情,难道不是值得高兴的事情吗?"

过了一段时间,朋友们都成了家,先后搬了出去。屋子里只剩下苏格拉底一个人,但他仍然很快乐。那人又问:"现在的你,一个人孤孤单单的,还有什么好高兴的?"

苏格拉底又说:"我有很多书啊,一本书就是一位老师,和这么多老师在一起,我时时刻刻都可以向他们请教,这怎么不令人高兴呢?"

几年后,苏格拉底也成了家,搬进了七层高的大楼里,但他的家在最底层,底层的境况是非常差的,既不安静,也不安全,还不卫生。那人见苏格拉底还是一副乐融融的样子,便问:"你住这样的房子还快乐吗?"

苏格拉底说:"你不知道一楼有多好啊!比如,进门就是家,搬东西方便,朋友来玩也方便,还可以在空地上养花种草,很多乐趣呀,只可意会,无法言传。"

又过了一年,苏格拉底把底层的房子让给了一位朋友,因为这位朋友家里有一位偏瘫的老人,上下楼不方便,而他则搬到了楼房的最高层。苏格拉底每天依然快快乐乐。那人又问他:"先生,住七楼又有哪些好处呢?"

苏格拉底说:"好处多着呢!比如说吧,每天上下楼几次,这是很好的锻炼,有利于身体健康;光线好,看书写字不伤眼睛;没有人在头顶干扰,白天黑夜都非常安静。"

其实，知足也无非是在一念之间，当你得到了生命中正常所需，你感到满足，那么快乐即会随之而来；相反，倘若你所求的过多，永远不肯停止索求的脚步，那么你将很难感受到快乐。一个快乐的人并不一定要多富有、多有权势，快乐的理由很简单——懂得知足。须知，幸福的真谛就是快乐，而快乐又往往来源于知足！知足会使你的生活变得更加简约，会为你卸去那些不必要的负担，开阔你的视野、放松你的身心。使你成为真正的自己，享受真实的自己，过上轻松惬意的生活。

然而，今时今日，消费文化助长了不满，使人们对物质的渴望日益增强，知足似乎已经成为相当困难的事情。要想达成这种心态，毫无疑问需要一个属于自己的过程去历练，而每个人的人生轨迹又不尽相同，所以说如何获得知足心态，并没有什么放之四海皆准的方法。但大体上说，仍有几个关键要素可助我们走向生命中的知足：

首先，心怀感恩。一个懂得感恩的人才会看重生命中所拥有的东西，而不是所缺少的。那么闲暇之余不妨静心想想，你的生命中已经拥有了什么，它们是不是该值得你去感恩？请回答"是"。

其次，控制心态。不要总是想着"如果我得到……，该有多好"，试着去控制自己的生活，请记住，幸福并不取决于物质，而是在于你以怎样的心态去生活。

再次，停止比较。不断地拿自己与他人做比较，这样只会使你陷入不满，因为这个世界上总有人在某一方面比你好。其实，每个人的人生都有好的一面，而别人的生活也从不像你想象得那般美好。所以请记住，你的生活其实一直也是不错的。

总而言之，人生短短数十载，真的没有必要给自己的心灵增加太多的负担，更没有必要对生活产生太多的不满。生活免不了存在缺陷，只要能够珍惜"我所有"，让自己拥有一颗知足的心，以一颗平常心去寻找生活中快乐的亮点，你的内心就一定能够阳光永驻。如此，生活就不会那般沉重，更不会让你充满怨言。

所以，请知足吧！生命是何其短暂，我们何必要用欲望来折磨自己？人生知足才能常乐！常乐才能幸福。

幸福箴言

其实布衣茶饭，也可快乐终身。人生在世，贵在懂得知足常乐，要有一颗豁达开朗平淡的心，在缤纷多变、物欲横流的生活中，拒绝各种诱惑，心境变得恬适，生活自然就愉悦了。而人之所以有烦恼，就在于不知足，整天在欲望的驱使下，忙忙碌碌地为着自己所谓的"幸福"追逐、焦灼、钩心斗角……结果却并非所想。

安贫乐道挺不错

富而不悦者常有，贪而杞忧者亦多。安贫乐道，不为物欲所驱，方能持入世之身而怀出世之心。

有些人骨子里似乎就有着不安分的基因，即使有了财富、名位、权势，他们仍然在不停追逐，常常压得自己喘不过气来。于是，常常莫名其妙地陷入一种不安之中，而找不出合理的理由。面对生活，他们的内心会发出微弱的呼唤，只有躲开外在的嘈杂喧闹，静静聆听并听从它，才会做出正确的选择，否则，将在匆忙喧闹的生活中迷失，找不到真正的自我。为了舒缓心情，有的人借着出国旅游去散心解闷，希冀能求得一刻的安宁，但终究不是根本之策。

佛经上说"少一分物欲，就多一分静心；少一分占有，就多一分慈悲"，这是禅者的安贫乐道。翻开禅史，会发现有的禅师，下一顿的饭还没有着落，却仍然悠闲地说："没有关系，我有清风明月！"有的禅师，则是皇帝请他下山却不肯，宁愿以山间的松果为食，与自然同在。正所谓："昨日相约今日期，临行之时又思维；为僧只宜山中坐，国事宴中不相宜。"

有这样一个故事：

一位富翁来到一个美丽寂静的小岛上，见到当地的一位农民，就问道："你们一般在这里都做些什么呀？"

"我们在这里种田过活呀！"农民回答道。

富翁说："种田有什么意思呀？而且还那么辛苦！"

"那你来这里做什么？"农民反问道。

富翁回答："我来这里是为了欣赏风景，享受与大自然同在的感觉！我平时忙于赚钱，就是为了日后要过这样的生活。"

农民笑着说："数十年来，我们虽然没有赚很多钱，但是我们却一直都过着这样的日子啊！"

听了农民的话，这位富翁陷入了沉思……

也许，生活简单一点，心理负荷就会减轻一些。外出到远方，眼前的繁华美景，不过是一时的安乐，与其辛苦地去更换一个环境，不如换一个心境，任物转星移，沧海桑田，做个安贫乐道、闲云野鹤的人。

所以，人要真正获得自在、宁静，最要紧的就是安贫乐道。

孔子的"申申如也，夭夭如也"是一种安贫乐道；

颜回"一瓢饮，一箪食，人不堪其忧，而回亦不改其乐"也是一种安贫乐道；

东晋田园诗人陶渊明"采菊东篱下，悠然见南山"亦是一种安贫乐道；

近代弘一法师"咸有咸的味，淡有淡的味"还是一种安贫乐道。

安贫乐道，无疑是一种极为高明的生活态度。即，遇茶吃茶，遇饭吃饭，积极地接受生活，享受生活，因为只有这样，才能体会到生活中的快乐。

那么，如何才能做到安贫乐道呢？我们需要认识到，幸福与快乐源自内心的简约，简单使人宁静，宁静使人快乐。人心随着年龄、阅历的增长而越来越复杂，但生活其实十分简单。保持自然的生活方式，不因外在的影响而痛苦抉择，便会懂得生命简单的快乐。

世界上的事，无论看起来是多么复杂神秘，其实道理都是很简单的，关键在于是否看得透。生活本身是很简单的，快乐也很简单，是人们自己把它们想得复杂了，或者人们自己太复杂了，所以往往感受不到简单的快乐，他们弄不懂生活的意味。

换而言之，是我们对生活寄予了过高的期望。这些过高期望其实并不能给我们带来快乐，但却一直左右着我们的生活：拥有宽敞豪华的寓所；幸福的婚姻；让孩子享受最好的教育，成为最有出息的人；努力工作以争取更高的社会地位；能买高档商品，穿名贵的时装；跟上流行的大潮，永不落伍……要想过一种简单的生活，改变这些过高期望是很重要的。富裕奢华的生活需要付出巨大的代价，而且并不能相应地给人带来幸福。如果我们降低对物质的需求，改变这种奢华的生活方式，我们将节省更多的时间充实自己。清闲的生活将让人更加自信果敢，珍视人与人之间的情感，提高生活质量。幸福、快乐、轻松是简单生活追求的目标。这样的生活更能让人认识到生命的真谛所在。

我们常常听到这样的感叹：生活太累！快乐离我们太远。其实，不是快乐离我们太远，而是我们根本不知道自己和快乐之间的距离；不是寻找快乐太难，而是我们活得不够简单。

人生当中有太多的诱惑，如果我们在各种诱惑面前分不清、看不明，那么只能是盲目地随波逐流，身不由己地为名利像陀螺一样不停地旋转，为了功名利禄、锦衣玉食不停地追求，等到喧嚣过后，一切归于寂静才发现自己已经是千疮百孔，连自己原本拥有的快乐都已经丢失掉了。

快乐就源自于自己的心底，是一种与财富、名利、地位无关的精神状态。有些人为了名利、财富、金钱而疲于奔命，有时候甚至置亲情、个人健康于不顾，最终丢失了亲情、透支了身体。在心里，生怕失去了任何一个可以利用的机会，却又逢人便感叹："唉，活得真累！"累什么呢？不就是累财、累名、累地位，累一己之得失、累个人的利益而已吗！怎么才能不累？这显然需要一颗安贫乐道的心。

幸福箴言

世事沧桑变幻，贫富皆尽体味。一切铅华洗净之后，粗茶淡饭亦是人生真正的滋味。做人，应超脱尘世俗物的牵绊，看清人生真正最具价值的所在。"安贫乐道"，其真正含义并不是要我们安于贫困，它是一种生活理念。"贫"并非"食不果腹，衣不蔽体"，它所强调的是一种简约的生活态度。即，不奢望过高，不追求奢靡，以坚守自己的道德操守为乐，这便可以称之为"安贫乐道"。

顺其自然最好

顺其自然也是一种不错的选择。别为你无法控制的事情而烦恼，你要做的是决定自己对于既成事实的态度。

尽管我们的人生有诸多不如意，可我们的生活还是要继续。然而，不肯接受这诸多"不如意"的人也不少见。他们拼命想让情况转变过来，不管这是不是徒劳。为此他们劳心劳力，如果事情没有转机，他们就会把问题归结到自己身上，觉得自己没有尽力，或是没有本事。然而，总有些事情是我们力所不及的。有句很通俗的谚语："活人哭死人，犹如傻狗撵飞禽。"对于那些无法改变的事情，与其苛求自己做无用功，不如坦然接受的好。

已故的美国小说家塔金顿常说："我可以忍受一切变故，除了失明，我决不能忍受失明。"可是在他60岁的某一天，当他看着地毯时，却发现地毯的颜色渐渐模糊，他看不出图案。他去看医生，得知了残酷的现实：他即将失明。现在，他有一只眼差不多全瞎了，另一只也接近失明。他最恐惧的事终于发生了。

塔金顿对这最大的灾难作如何反应呢？他是否觉得："完了，我的人生完了！"完全不是，令人惊讶的是，他还蛮愉快的，他甚至发挥了他的幽默感。那些浮游的斑点阻挡他的视力，当大斑点晃过他的视野时，他会说："嘿！又是这个大家伙，不知道它今早要到哪儿去！"完全失明后，塔金顿说："我现在已接受了这个事实，也可以面对任何状况。"

为了恢复视力，塔金顿在一年内得接受12次以上的手术，而且只是采取局部麻醉。他了解这是必需的，无法逃避的，唯一能做的就是坦然地接受。他拒绝了住私人病房，而和大家一起住在大众病房，想办法让大家高兴一点。当他必须再次接受手术时，他提醒自己是何等幸运："多奇妙啊，科学已进步到连人眼如此精细的器官都能动手术了。"

我们每个人都可能存在着这样的弱点：不能面对苦难。但是，只要坚强，每个人都可以接受它。像本以为自己决不能忍受失明的塔金顿一样，这个时候他却说："我不愿用快乐的经验来替换这次的体会。"他因此学会了接受，并相信人生没有任何事会超过他的容忍力。如塔金顿所说的，此次经验教导他"失明并不悲惨，无力容忍失明才是真正悲惨的"。

成功学大师卡耐基说："有一次我拒不接受我遇到的一种不可改变的情况。我像个蠢蛋，不断做无谓的反抗，结果带来无眠的夜晚，我把自己整得很惨。终于，经过一年的自我折磨，我不得不接受我无法改变的事实。"

面对不可避免的事实，我们就应该学着做到如诗人惠特曼所说的那样："让我们学着像树木一样顺其自然，面对黑夜、风暴、饥饿、意外与挫折。"

已故的爱德华·埃文斯先生，从小生活在一个贫苦的家庭，起初只能靠卖报来维持生计，后来在一家杂货店当营业员，家里好几口人都靠着他的微薄工资来度日。后来他又谋得一个助理图书管理员的职位，依然是很少的薪水，但他必须干下去，毕竟做生意实在是太冒险了。在8年之后，他借了50美元开始了他自己的事业，结

贰：降低过高期望，鞭策不是自我惩处

果事业的发展一帆风顺，年收入达两万美元以上。

然而，可怕的厄运在突然间降临了。他替朋友担保了一笔数额很大的贷款，而朋友却破产了。祸不单行，那家存着他全部积蓄的大银行也破产了。他不但血本无归，而且还欠了1万多美元的债，在如此沉重的双重打击下，埃文斯终于倒下了。他吃不下东西，睡不好觉，而且生起了莫名其妙的怪病，整天处于一种极度的担忧之中，大脑一片空白。

有一天，埃文斯在走路的时候，突然昏倒在路边，以后就再也不能走路了。家里人让他躺在床上，接着他全身开始腐烂，伤口一直往骨头里面渗了进去。他甚至连躺在床上也觉得难受。医生只是淡淡地告诉他：只有两个星期的生命。埃文斯索性把全部都放弃了，既然厄运已降临到自己头上，只有平静地接受它。他静静地写好遗嘱，躺在床上等死，人也彻底放松下来，闭目休息，却每天无法连续睡着两小时以上。

时间一天一天过去，由于心态平和了，他不再为已经降临的灾难而痛苦，他睡得像个小孩子那样踏实，也不再无谓地忧虑了，胃口也开始好了起来。几星期后，埃文斯已能拄着拐杖走路，6个星期后，他又能工作了。只不过是以前他一年赚两万美元，现在是一周赚30美元，但他已经感到万分高兴了。

他的工作是推销用船运送汽车时在轮子后面放的挡板，他早已忘却了忧虑，不再为过去的事而懊恼，也不再害怕将来，他把自己所有的时间、所有的精力、所有的热忱都用来推销挡板，日子又红火起来了，不过几年而已，他已是埃文斯工业公司的董事长了。

埃文斯是生活中的强者，原因在于他不仅能勇敢坚强地接受既定的现实带来的不幸和困境，并且能平静而理智地对待它、利用它。相反，那些始终试图改变既成事实的人，虽然看起来很辛苦、很努力,其实他们的内心倒可能是软弱的:他们无法说服自己接受不幸和困境,他们选择了欺骗自己。

厄运的到来是我们无法预知的,面对它带来的巨大压力,怨天尤人只会使我们的命运更加灰暗。所以我们必须选择一种对我们有好处的活法,换一种心态,换一种途径,才能不为厄运的深渊所湮没。

当初,发明汽车轮胎的人想要制造一种轮胎,能在路况很差的地方行驶,抗拒坎坷和颠簸,开始情况不甚理想,失败连连。但经过不懈的探索试验,他们终于生产出了这样的轮胎。它既能承受巨大的压力,又能抗拒一切的碎石块和其他障碍物。他们称赞它"能接受一切"。做人也应与好的轮胎一样,只有能接受一切,并且勇敢前进,才能通过人生的另一种途径走得更远。

当我们不再反抗那些不可避免的事实时,我们就能节省下精力,创造出一个新的、更丰富的生活。

幸福箴言

生活中发生的很多事情也许已将我们磨得失去了耐性,可是没有办法改变,又能怎么办呢?最好的办法,就是顺其自然。

劳逸结合,张弛有度

梦若成真固然不错,梦没成真也没关系,不必过分苛求,不要紧绷着自己,学会放松,顺其自然,心情才能豁然!

转弯处就是幸福

我国儒家经典《礼记》中记载了孔子这样一段话:"张而不弛,文武弗能也;弛而不张,文武弗为也;一张一弛,文武之道也。"文、武,指周初贤君周文王、周武王。这段话是说:一直把弓弦拉得很紧而不松弛一下,这是周文王、周武王也无法办到的;相反,一直松弛而不紧张,那是周文王、周武王也不愿做的;只有有时紧张,有时放松,有劳有逸,宽严相济,这才是贤君周文王、周武王治国的办法。其实,治国如是,对待生活也应该是劳逸结合、张弛有度。

在我国东北地区的深山老林里,流传着这样一种说法:老虎是兽中之王,不过要论力气,它不如黑瞎子(狗熊)大。狗熊的生命力特别顽强,而且皮糙肉厚,一般的攻击根本伤不了它。可是山里面虎熊相斗,总是老虎得胜,为什么呢?

狗熊和老虎都是身高力大的猛兽,它们一旦打起来,就是几天几夜。老虎打累了、打饿了,或是战况不利,就会撤出战场,先到别处捕猎吃。等到吃饱喝足,歇过劲儿来,回来再找狗熊打。狗熊就不一样了,一旦开打,就不吃、不喝、不休息,老虎跑了它就打扫战场,碗口粗的树连根拔出来扔到一边,等着老虎回来接着打。时间长了,狗熊终究有筋疲力尽的时候,所以,最后总是老虎打败狗熊。

老虎和狗熊打架的故事告诉我们,做事情不能追求一竿子到底,一口气把所有问题解决。人生是个漫长的旅程,是马拉松长跑而不是百米冲刺。唯有张弛有度,才能持之以恒,把热情和精力保持到最后。

每顿饭只吃一样东西,再好吃的东西也会让人反胃;每天只做同样的事情,再有趣也会让人厌烦。神经一直紧绷,就算是铁人也有崩溃的一天。"持之以恒"、"坚持到底"不是让你耗尽自己最后一分精力和热情，而是鼓励屡败屡战、锲而不舍。

"只工作，不玩耍，聪明杰克也变傻。"那种把工作当成一切、一直工作不放松的人，我们称他们为"工作狂"。工作狂之所以把自己完全泡在工作里，不是因为他们热爱工作，更不能表明他们很有毅力。事实正好相反，工作狂往往都是意志软弱的人。他们因为无法应付生活中的多种挑战，采取了逃避的办法，把自己埋在工作当中。所以，工作狂可能在工作上表现突出，但他们的生活却很少有称心如意的。

真正有理智、有毅力的人，决不会是能抓紧而不能放松的人。他们有自信，所以能暂时放下心头的负担，去享受生活的乐趣；他们有智慧，懂得磨刀不误砍柴工的道理；他们有毅力，放松但不放纵。他们在奋斗拼搏和放松享受之间出入自由，游刃有余。

适当放松一下，并不是要否认紧张工作，而是要让自己在奔波疲惫之余能有个喘息的机会，静下来享受生活。有人把人生目标树立得很高，希望功成名就，成为站立在金字塔尖上的人。可是，塔尖的容量是有限的，少数人的成功是建立在多数人的默默无闻之上的。于是，不免有人伤心，有人失落。其实这又何必呢？不能成为第一，就坦然充当第二；不能爬到金字塔尖上，不妨就在塔中央看看风景。用轻松的人生规则主宰自己的快乐又有何不可呢？

我们生活的目的在于发现快乐、创造快乐、享受快乐，完不成的极限、遥不可及的梦想，就像是自己的影子，看起来虽然伸手可及，追起来就等于折磨自己，最后抓狂在自己的苛求中。不肯放松自己，在坚强上进的表面下，往往还隐藏着偏执与自我压抑，导致身心不健康。过于苛求自己的人通常感到自己的压力更大、更焦虑、身心更易疲惫，他们应该有意识地给自己放放假。如果长期在这种情绪下得不到缓解，就很容易走向极端，不少人年纪轻轻就患上各种身心疾病，比如抑郁症。这就是过于苛求的结果。

俗话说："望山跑死马。"现实生活中，对自己不应过分苛求，适当放松才是王道，否则会使自己生活在孤寂和焦灼之中。

幸福箴言

不论年轻也好，年老也罢，心中都该有一个梦想，梦想是人生的前进动力，没有梦想的人，就和干瘪的咸鱼没什么两样。但对于梦想不应过于苛求，追梦的脚步大可跑一会儿，走一会儿，千万不要有紧无松，那样就太苛求自己，跟自己过不去了。若如此，又跟望山狂奔的笨马有什么两样呢？

叁
丢掉你的懦弱,成就要靠挫折炼铸

世界上有那么一种人,纵然面对漫天阴霾,也能在短暂休憩后,昂然阔步,面带微笑,若无其事地继续生活。在磨难的折磨下,他们或许也曾低迷,或许也想过放弃,但,他们终究站起来了。人不能因为跌一跤,就坐在地上不停哭泣,那样的人生注定会错过很多。站起来,用自己的力量撑起一片天空,你才能得到属于自己的幸福。

切莫顾影自怜

你是不是最倒霉的人？答案是否定的！你惨遭横祸、陷入苦难，可曾想过那些因祸丧生的人？世间人、世间事，只有更倒霉，没有最倒霉。你痛苦的时候，其实有人比你更痛苦，所以，想开点。

其实，活着一天，就是有福气，就该珍惜。当我们哭泣自己没有鞋子穿的时候，却不知道有些人连穿鞋的机会也没有。所以，不要常常觉得自己很不幸，世界上比我们痛苦的人多的是，这世间没有人是一帆风顺的，也没有人注定就是个倒霉蛋。能不能活出个样子来，最终还是取决于能否以积极的态度去经营人生，那些一味抱怨、咒骂、委靡不振的人，注定是要被淘汰的。

的确，很多时候，命运爱与人开玩笑，亦如世人常说的那样——"倒起霉来，喝口凉水都塞牙"，这一刻霉运找上了你，确实会让你很痛苦，但无论怎样你都要记住——这个世界上，很多人远比你要不幸。在你遭受苦难、心烦意乱之时，静心想想那些更倒霉的人，你会发现自己根本没有资格抱怨不已、自暴自弃。

有个穷困潦倒的销售员，每天都在抱怨自己"怀才不遇"，抱怨命运捉弄自己。

圣诞节前夕，家家户户热闹非凡，到处充满了节日的气氛。唯独他冷冷清清，独自一人坐在公园的长椅上回顾往事。去年的今天，他也是一个人，是靠酒精度过了圣诞节，没有新衣、没有新鞋，更别提新车、新房子了，他觉得自己就是这世界上最孤独、最倒霉的那一个人，他甚至为此产生过轻生的念头！

"唉！看来，今年我又要穿着这双旧鞋子过圣诞节了！"说着，他准备脱掉旧鞋子。这时，"倒霉"的销售员突然看到一个年轻人滑着轮椅从自己面前经过。他顿时醒悟："我有鞋子穿是多么幸福！他连穿鞋子的机会都没有啊！"从此以后，推销员无论做什么都不再抱怨，他珍惜机会，发奋图强，力争上游。数年以后，推销员终于改变了自己的生活，他成了一名百万富翁。

很多人天生就有残缺，但他们从未对生活丧失信心，从不怨天尤人，他们自强自立、不屈不挠，最终战胜了命运。可有些人，生来五官端正，手脚齐全，但仍在抱怨生活、抱怨人生，相比之下，难道我们不感到羞愧吗？丢开抱怨，用行动去争取幸福，你要明白：纵然是一双旧鞋子，穿在脚上仍是温暖、舒适的，因为这世界上还有人穿不上鞋！

"如果你失去一只手，就庆幸自己还有另外一只手，如果失去两只手，就庆幸自己还活着，如果连命都没了，就没有什么可烦恼的了。"当苦难来临之时，我们不要将目光紧锁在消极面上，看看那些同样承受苦难的人，再想想自己所拥有的，这样便会有所改观，便会感觉相比之下自己还是幸运的。

事实上，你眼中所看到的，往往只是别人光鲜的一面，殊不知世人都有种种烦恼，我们不要看别人只看"幸运"，看自己却只看"背运"，想活得好过一点，就应该多为自己所拥有的感到庆幸。

反之，如果你心里只有那些"倒霉"的事情，整日里仇视着生

活、仇视着社会，那么你只会给自己制造无边无尽的痛苦。更何况，一个倒霉的开端并不意味着一定是个悲惨的结局，事情的结果终究没有确定，你又何苦惶惶不可终日？或许，多一点心气、多一点斗志，事情的结果就会大不一样。

要知道，这世界根本就没有过不去的坎，一时的失意绝不意味着失意一生。苦难谁没有？倒霉的人比比皆是。若不信，不妨在搜索引擎上试着输入"倒霉"两个字，滚入你眼中的必是数之不尽的信息。世人就是这样，看不透、悟不明，本来无甚大碍，却始终觉得自己是何其不幸，让自己难过、痛苦、烦乱，但生活不是还得继续，苦难也不会消失，其实我们该思索的，应是如何去克服苦难。

须知，生命中收获最多的阶段，往往就是最难挨、最痛苦的时候，因为它迫使你重新检视反省，替你打开了内心世界，带来更清晰、更明确的方向。诚然，要想生命尽在掌控之中是件非常困难的事，但日积月累之后，经验能帮助你会集出一股力量，让你越来越能在人生赌局中进出自如。很多灾难在事过境迁之后回头再看，会发现它并没有当初看来那么糟糕，这就是生命的成熟与锻炼。

当然，在麻烦、苦难出现时，人总会感觉内心不安或是意志动摇，这是很正常的。面临这种情况时，就必须不断地自励自勉，鼓起勇气，信心百倍地去面对，这才是最正确的选择。

幸福箴言

上苍给予每个世人的苦与乐大致相同，只是世人对于苦乐的态度不同。有时我所求，确在别人处，有时我所有，正是他所求。人皆有苦，亦皆有乐。勿因苦难不能自已，殊不知有人更苦？心放平常处，人自会开怀。

苦难孕育坚强

当我们处于厄运的时候,当我们面对失败的时候,当我们面对重大灾难的时候,只要我们仍能在自己的生命之杯中盛满希望之水,那么,无论遭遇什么样坎坷不幸之事,我们都能永葆快乐心情,我们的生命才不会枯萎。

大风大浪中才能显示人的能力;大起大落时才能磨炼人的意志;大悲大喜才能提高人的境界;大羞大耻才能洗涤人的灵魂。人活在世界上,不可能一帆风顺,每个成功的故事里都写满了辛酸失败。敢于正视失败,能以正确的态度面对失败,不退缩、不消沉、不困惑、不脆弱,才能有成功的希望。

其实,再多的苦难不过是种历练,亦如成功学大师卡耐基所说的那样:"挫折是大自然的计划,经历过挫折考验的人们会对事情作出更充分的准备,把心中的残渣烧掉。因此,我们需要勇敢地拥抱挫折,因为它是我们生命中的另一种维生素。"的确如此,生命需要苦难来洗礼,在这番历练中,你能扛得住,便是成功;你扛不住,便只能平庸。那傲雪而立的寒梅,古往今来被多少人歌颂。究其根由,不正是因为它无畏苦难、可以战胜苦难吗?要知道,人生的成功也是这样。

美国《生活》周刊曾评出过去1000年中100位最有影响力的人物,其中,托马斯·阿尔沃·爱迪生名列第一。

转弯处就是幸福

爱迪生出身低微，他的"学历"是一生只上过3个月的小学，老师因为总被他古怪的问题问得张口结舌，竟然当着他母亲的面说他是个傻瓜，将来不会有什么出息。母亲一气之下让他退学，由她亲自教育。此后，爱迪生的天资得以充分地展露。在母亲的指导下，他阅读了大量的书籍，并在家中自己建了一个小实验室。为筹措实验室的必要开支，他只得外出打工，当报童卖报纸。最后用积攒的钱在火车的行李车厢建了个小实验室，继续做化学实验研究。有一天，化学药品起火，几乎把这个车厢烧掉。暴怒的列车长把爱迪生的实验设备都扔下车去，还打了他几记耳光，爱迪生因此终生耳聋。

爱迪生虽未受过良好的学校教育，但凭个人奋斗和非凡才智获得巨大成功。他以坚韧不拔的毅力，罕有的热情和精力从千万次的失败中站了起来，克服了数不清的困难，成为发明家和企业家。

仅从1869年到1901年，就取得了1328项发明专利。在他的一生中，平均每15天就有一项新发明，他因此而被誉为"发明大王"。

1914年12月的一个夜晚，一场大火烧毁了爱迪生的研制工厂，他因此而损失了价值近百万美元的财产。爱迪生安慰伤心至极的妻子说："不要紧，别看我已67岁了，可我并不老。从明天早晨起，一切都将重新开始，我相信没有一个人会老得不能重新开始工作的。灾祸也能给人带来价值，我们所有的错误都被烧掉了，现在我们又可以一切重新开始。"第二天，爱迪生不但开始动工建造新车间，而且又开始发明一种新的灯——一种帮助消防队员在黑暗中前进的便携式探照灯。火灾对爱迪生而言只是一段小小的插曲而已。

磨难并非是对一个人的摧残，而是一种锤炼。正如孟子所说：

"天将降大任于斯人也，必先苦其心志，劳其筋骨，饿其体肤。"每一个人都会经历过不同的痛苦和磨难，当它们光顾的时候，只有勇敢地面对，征服它们，才能让自己不再低头，抬头挺胸，也才能彻底改变自己的命运。

内心充满希望，它可以为你增添一份勇气和力量，它可以支撑起你一身的傲骨。

当莱特兄弟研究飞机的时候，许多人都讥笑他们是异想天开，当时甚至有人说："上帝如果有意让人飞，早就使他们长出翅膀。"但是莱特兄弟毫不理会外界的说法，终于发明了飞机。

当伽利略以望远镜观察天体，发现地球绕太阳而行时，教皇曾将他下狱，命令他改变主张，但是伽利略依然继续研究，并著书阐明自己的学说，终于在后来获得了证实。

最伟大的成就，常属于那些在大家都认为不可能的情况下，却能坚持到底的人。坚持就是胜利，这是成功的一条秘诀。

人生总有重重磨难，它已然成为生活中一个不可或缺的部分，这些经历过的痛苦和磨难，是你的一笔财富、一种收获。也只有在你痛苦和难过的时候，你才会发现一些不起眼的东西、平常的东西，此时是多么地可贵和难得。更为可贵的是，在你经历了磨难的时候，你会发现只有战胜了自己，顺利之门才会打开。

幸福箴言

苦难不可怕，挫折也无妨，只要信念不倒，精彩便会呈现。无

须抱怨荆棘密布、磨难丛生，不必愤慨世事不公，当你阅尽繁华便会翻然明白：人生不会太圆满，再苦也要坚强！

我们应该感谢苦难

没有彻骨寒，何来梅花香？人生没有苦难，便会脆弱不堪。因为苦难，成功更显美丽；因为灾患，幸福更是甘甜……

我们应该感谢苦难，因为苦难让我们懂得了真正的生活。无论这困难来自于生活抑或是情感，请从感谢苦难开始，反省自己、恢复自己。相信，你所经历的苦难，必然会让你日后心存感恩，因为没有这些苦难，你不会解悟，不会有今天的体会。

某人前往朋友家做客，方知朋友的3岁儿子罹患先天性心脏病，最近动过一次手术，胸前留下一道深长的伤口。

朋友告诉他，孩子有天换衣服，从镜中看见疤痕，竟骇然而哭。

"我身上的伤口这么长！我永远不会好了。"她转述孩子的话。

孩子的敏感、早熟令他惊讶，朋友的反应则更让他动容。

朋友心酸之余，解开自己的裤子，露出当年剖腹产留下的刀口给孩子看。

"你看，妈妈身上也有一道这么长的伤口。"

"因为以前你还在妈妈的肚子里的时候生病了，没有力气出来，幸好医生把妈妈的肚子切开，把你救了出来，不然你就会死在妈妈的肚子里面。妈妈一辈子都感谢这道伤口呢！"

"同样地，你也要谢谢自己的伤口，不然你的小心脏也会死掉，那样就见不到妈妈了。"

感谢伤口！——这四个字如钟鼓声直撞心头，他不由低下头，检视自己的伤口。

它不在身上，而在心中。

那时节，他工作屡遭挫折，加上在外独居，生活寂寞无依，更加重了情绪的沮丧、消沉，但生性自傲的他不愿示弱，便企图用光鲜的外表、悍强的言语加以抵御。

隐忍内伤的结果，终至溃烂、化脓，直至发觉自己已经开始依赖酒精来逃避现状，为了不致一败涂地，才决定辞职搬回父母家。

如今伤势虽未再恶化，但这次失败的经历却像一道丑陋的疤痕，刻划在胸口。认输、撤退的感觉日复一日强烈，自责最后演变为自卑，使他彻底怀疑自己的能力。

好长一段时日，他蛰居家中，对未来裹足不前，迟迟不敢起步出发。

朋友让他懂得从另一方面来看待这道伤口：庆幸自己还有勇气承认失败，重新来过，并且把它当成时时警醒自己，匡正以往浮夸、矫饰作风的记号。

他要感谢朋友，更要感谢伤口！

心理学家曾经提出过"最优经验"的解释，意思是指，当一个人自觉能把体能与智力发挥到最极限的时候，就是"最优经验"出现的时候，而通常"最优经验"都不是在顺境之中发生的，反而是在千钧一发的危机与最艰苦的时候涌现。据说，许多在集中营里大难不死的囚犯，就是因为困境激发了他们采取最优的应对策略，最终能躲过劫难。

山中鹿之助是日本战国时代有名的豪杰，据说他时常向神明祈祷："请赐给我七难八苦。"很多人对此举都是很不理解，就去请教他。鹿之助回答说："一个人的心志和力量，必须在经历过许多挫折后才会显现出来。所以我：希望能借各种困难险厄，来锻炼自己。"而且他还做了一首短歌，大意如下："令人忧烦的事情，总是堆积如山，我愿尽可能地去接受考验。"

人们心中祈祷的内容虽有所不同，一般而言，不外乎是利益方面。有些人祈祷更幸福，有人祈祷身体健康，甚或赚大钱，却没有人会祈求神明赐予更多的困难和劳苦。因此当时的人对于鹿之助这种祈求七难八苦的行为不理解，是很自然的现象，但鹿之助依然这样祈祷。他的用意是想通过种种困难来考验自己，其中也有借七难八苦来勉励自己的用意。

其实，生活的现实对于我们每个人本来都是一样的。但一经各人不同"心态"的诠释后，便代表了不同的意义，因而形成了不同的事实、环境和世界。心态改变，则事实就会改变；心中是什么，则世界就是什么。心里装着哀愁，眼里看到的就全是黑暗，抛弃已经发生的令人不痛快的事情或经历，才会迎来好心情。

要知道，心情的颜色会影响世界的颜色。如果一个人，对生活抱一种达观的态度，就不会稍有不如意，就自怨自艾，只看到生活中不完美的一面。在我们的身边，大部分终日苦恼的人，实际上并不是遭受了多大的不幸，而是自己的内心素质存在着某种缺陷，对生活的认识存在偏差。

事实上，生活中有很多坚强的人，即使遭受挫折，承受着来自于生活的各种各样的折磨，他们在精神上也会岿然不动。充满着欢乐与战斗精神的人们，永远不会为困难所打倒，在他们的心中始终承载着欢乐，不管是雷霆与阳光，他们都会给予同样的欢迎和珍视。

幸福箴言

人生伴有苦难，苦或乐取决于心，心情的颜色影响着世界的颜色。困恼的根源，实际上并不是遭受了多大的不幸，而是人的内心素质存在某种缺陷，对生活的认识存有偏差。基于此，人便有了强弱之分——强者战胜苦难，弱者屈服于苦难。其实，人活着笑也一天、苦也一天，再不顺的生活，笑着撑过去，就是胜利。

挺直腰杆做人

对自己有绝对信心的人，可以克服任何的困难与挫折。他们的眼光，只定位在成功的一方；信心正确地引导着他们，一路披荆斩棘奋勇直前。

懦弱的人害怕有压力，也害怕竞争。在对手或困难面前，他们往往不会坚持，而选择回避或屈服。懦弱者对于自尊并不忽视，但他们常常更愿意用屈辱来换回安宁。

当初，宋太祖赵匡胤肆无忌惮、得寸进尺地威胁欺压南唐。镇海节度使林仁肇有勇有谋，听闻宋太祖在荆南制造了几千艘战舰，便向李后主奏禀，宋太祖实是在图谋江南。南唐忠君人士获知此事后，也纷纷向他奏请，要求前往荆南秘密焚毁战舰，破坏宋朝南犯的计划。可李后主却胆小怕事，不敢准奏，以致失去防御宋朝南侵的良机。

后来，南唐国灭，李后主沦为阶下囚，其妻小周后常常被召进宋宫，侍奉宋皇，一去就得好多天才能放出来，至于她进宫到底做些什么，作为丈夫的李后主一直不敢过问。只是小周后每次从宫里回来就把门关得紧紧的，一个人躲在屋里悲悲切切地抽泣。对于这一切，李后主忍气吞声，把哀愁、痛苦、耻辱往肚里咽。实在憋不住时，就写些诗词，聊以抒怀。

李煜虽然在诗词上极有造诣，然而作为一个国君，一个丈夫，他是一个懦夫，是一个失败者。

对于胆怯而又犹疑不决的人来说，获得辉煌的成就是不太可能的，正如采珠的人如果被鳄鱼吓住，是不能得到名贵的珍珠的。事实上，总是担惊受怕的人不是一个自由的人，他总是会被各种各样的恐惧、忧虑包围着，看不到前面的路，更看不到前方的风景。正如法国著名的文学家蒙田所说："谁害怕受苦，谁就已经因为害怕而在受苦了。"懦夫怕死，但其实，他早已经不再活着了。

做人，就要做得有声有色，堂堂正正，顶天立地，无论你内心感觉如何，都要摆出一副赢家的姿态。就算你落后了，保持自信，仿佛成竹在胸，会让你心理上占尽优势，而终有所成。

世上没有任何绝对的事情，懦夫并不注定永远懦弱，只要他鼓起勇气，大胆向困难和逆境宣战，并付诸行动，依然可以成为勇士。

正像鲁迅所说："愿中国青年都摆脱冷气，只是向上走，不必听自暴自弃者说的话。能做事的做事，能发声的发声，有一分热，发一分光，就像萤火一般，也可以在黑暗里发一点光，不必等待炬火。"

幸福箴言

人生之旅漫长悠远，途中难免会遭遇挫折与坎坷。对此，有些人自怨自艾，喟叹命运不公，就此沉沦、一蹶不振；有些人等闲视之，迎难而上，最终获胜。究其根由，主要是因为前者丧失了自信，甘为命运所摆布；而后者自信满满，一身傲骨，将命运牢牢掌控在了自己手中。

人不怕跌倒，就怕一跌不起

苦难究竟是人生的财富还是屈辱？若你战胜苦难，它便是你的财富；若苦难战胜了你，它便是你的屈辱！

在修为之人看来，那些叫苦的人并没有真觉悟，只是对"苦"有了初步的感受，但"苦"的程度还不够，若是真正吃够苦的人，不会浪费时间叫苦，而会在反思过程中将所有精力用在化解苦上。从生命的低谷重新崛起，可以解释为：在哪里跌倒，就在哪里爬起来。

跌倒了，只要能够爬起来，就不算失败，坚持下去，才会成功。所以，我们不要因为命运的无常而俯首听命于它，任凭它的摆布。等年老的时候，回首往事，就会发觉，命运由自己掌握，一个人一生的全部就在于：运用手里所拥有的去获取上天所掌握的。人的努力越超常，获得的就越丰硕。

如果一个人把眼光拘泥于挫折的痛感之上，他就很难再有心思想自己下一步如何努力，最后如何成功。一个拳击运动员说："当你的左眼被打伤时，右眼就得睁得更大，这样才能够看清对手，也才能够有机会还手。如果右眼同时闭上，那么不但右眼也要挨拳，恐怕命都难保！"拳击就是这样，即使面对对手无比强劲的攻击，你还是得睁大眼睛面对受伤的感觉，如果不是这样的话一定会败得更惨。其实人生又何尝不是如此呢？

曾国藩初到长沙办团练的时候，按照朝廷的原旨只是让他至省城帮办湘省"团练"事务。团练并非正规部队，其职守也只是"帮办"，归根结底是帮着省里维持地方治安，关键之时要率领团练守卫地方。但是，由于曾国藩为了实现像他给皇帝上的奏折中所说的那样要"成一劲旅"，即实质上的正规军的目标，以及他对大清王朝的耿耿忠心，乃至以天下为己任的高度责任感，便做出了很多干预地方"公事"的蛮干之举。

按照清朝常例，绿营兵由总督统辖，由各省提督统带，负责训练等事务。团练大臣只能管辖团勇，对地方绿营军营务更无权过问，可曾国藩却通过塔齐布对湖南绿营军加以干涉。于是，便引起湖南绿营骄将惰兵的反对。长沙协副将清德早对曾国藩干预绿营不满，于是便利用部队的懒惰情绪，拒绝听从曾国藩的命令，不再参加与团练的会操，也不再听曾国藩的训话。随即发生了绿营兵冲击曾国藩公馆的事。

事后，长沙城里的各级官吏皆言曾国藩干预绿营兵务是自取其辱。曾国藩知道长沙再无自己的立足之地，于1853年9月自动离开长沙，移驻衡州。

本来地方团练大臣们的地位就很尴尬，他们既不是地方大吏，又不是钦差大臣，只是辅佐地方组织地主武装，协同维护地方秩序，这个举措是清政府的应急手段，而曾国藩却一味蛮干，以钦差大臣自居，到处自以为是，因此曾国藩初办团练困难重重，如果继续留在长沙，显然已是十分不利，他自己已明确地感到居人之室、借人之军难以立足，必须发愤练成自己的一支军队才有成功的本钱。于是决定离开长沙，到衡州独辟山林。

关于曾国藩移师衡州，在他1853年10月写给他的老师吴文镕的信中也详细谈到此事，其中一部分是这样说的：

在训练乡勇的时候，我常常与塔齐布等将领谈及驻守在长沙城内的八旗兵也可加以操练，四五月间八旗兵与乡勇联合操练，阵营整齐，纪律严明，因此时常给予一些小小的赏赐以示鼓励，并想通过这种方法，使兵勇养成为国家、为君长献身的气概，以惩戒奸滑懒惰、飞扬跋扈的恶习。因为塔将勤劳奋发，我因此十分器重他，而清副将本来就不被湖南百姓所拥护，而且贪图逸乐、碌碌无为，我因此十分厌恶他。从此，清副将对塔将心怀不满，且恨之入骨。六月初，提军来到省城长沙，清副将便在提军面前诬陷塔将，千方百计想煽起提军对塔将的不满。这样就逐渐形成了文武不和、兵勇不睦的局面。我认为如今这种黑白颠倒的状况，大大违背了民心，于是为保护塔将，弹劾了清副将。恰巧张亮基中丞为保护塔将也在这时写了弹劾清副将的奏状，真可谓是不谋而合。

七月十三日，乡勇在试枪的时候，误伤一提标长夫。标长的兵卒于是打出旗帜，吹起号角，荷枪实弹来到城外操练场，伺机寻乡勇开仗。因为该乡勇是湘乡人，长夫是常德人，为了避嫌，我只将该乡勇推至城墙上，责罚二百军棍，而那长夫则不予治罪，这样做的目的，是希望严格要求自己的部下，来使别人信服。八月初四，永顺兵与展肋因赌博的缘故，又执旗吹号，下城开仗。我认为，如果部队经常发生内讧，告示刚刚贴出去，却发生了初六夜之变乱，他们毁坏馆室，杀伤门卫。在这种情况下，我想，如果将实际情况奏明圣上，自己身为地方官吏，不但不能为国家消弭大乱，反而以琐碎的小事亵渎圣上的视听，心里实在有些不安，如果隐忍不报，大事化小，那么平日镇慑匪徒的威严将会损于一旦，那些不法之辈就会肆行无忌，正因此我左右矛盾、进退两难，所以抽身转移，匆匆忙忙开始了衡州之行。因为我在今年二月的奏折中，曾经向圣上奏明，衡、永、郴、桂匪徒极多，将来在适当的时候前往衡州驻扎数月。

后来，曾国藩终于在衡州实现了自己练成一支"劲旅"的愿望。一个"挺"字最终让曾国藩成就了大业。

人生就像在爬山，一路上总是坎坷不断，跌倒了便爬起来，这才能登上山顶。跌倒了就趴着，这就是懦夫。如果你放弃了站起来的机会，就那样委靡地坐在地上，不会有人去搀扶你。相反，你只会招来别人的鄙夷和唾弃。要知道，如果你愿意趴着，别人是拉你不起的，即便是拉起来，你早晚还会趴下去。

人不怕跌掉，就怕一跌不起，这也是成功者与失败者的区别所在。在这个世界上,最不值得同情的人就是被失败打垮的人,一个否定自己的人又有什么资格要求别人去肯定?自我放弃的人是这个世界上最可怜的人,因为他们的内心一直被自轻自贱的毒蛇噬咬,丧失了拼搏的勇气。

在人生崎岖的道路上,放弃这个念头随时都会悄然出现,尤其是当人迷惑、劳累困乏时,更要加倍地警惕。偶尔短时间地滑入低落状态是很正常的现象,但长期处于低落之中就会酿成人生的灾难了。

所以说,要想堂堂正正地活着,首先就要有自信,有了自信才能产生勇气、力量和毅力。具备了这些,困难才有可能被战胜,目标才可能达到,胜利才可能拥有。但是自信绝非自负,更非痴妄,自信建筑在崇高和自强不息的基础之上才有意义。心中有自信,成功有动力。莎士比亚说过:"自信是成功的第一步。"当你满怀激情踏上人生之路时,请带上自信出发,那么一切都将会改变。

幸福箴言

想要人生精彩,就不要轻易下结论否定自己,不要怯于接受挑战,只要开始行动,就不会太晚;只要去做,就总有成功的可能。世上能打败你的只有你自己,成功之门一直虚掩着,除非你认为自己不能成功,它才会关闭,而只要你自己觉得可能,那么一切就皆有可能。

错过的未尝不是美丽

不要再为错过掉眼泪，笑着面对明天的生活，努力活出自己的精彩，前途也会是一片光明。

生活中有一种痛苦叫错过。人生中一些极美、极珍贵的东西，常常与我们失之交臂，这时的我们总会因为错过美好而感到遗憾和痛苦。其实喜欢一样东西未必非要得到它，俗话说："得不到的东西永远是最好的。"

当你为一份美好而心醉时，远远地欣赏它或许是最明智的选择，错过它或许还会给你带来意想不到的收获。

我们匆匆行走于这个世界时，是否可以将一路的美景尽收眼底？是否可以将世间珍品都收归己有？不，不可能，甚至大多数的时候我们常常错过它们。于是，人生便有了"遗憾"这一词组。仔细想想，遗憾能给你留下什么？除了一种难以诉说的隐痛，似乎没有任何好处。所以，不要让自己总是怀有这种隐痛，"万事随缘"，既然你与之无缘，那就随它去吧！

岁月会把拥有变为失去，也会把失去变为拥有。你当年所拥有的，可能今天正在失去，当年未得到的，可能远不如今天你正拥有的。有时候错过正是今后拥有的起点，而有时拥有恰恰是今后失去的理由。

美国的哈佛大学要在中国招一名学生，这名学生的所有费用由美国政府全额提供。初试结束了，有30名学生成为候选人。

考试结束后的第10天，是面试的日子。30名学生及其家长云集锦江饭店等待面试。当主考官劳伦斯·金出现在饭店的大厅时，一下子被大家围了起来，他们用流利的英语向他问候，有的甚至还迫不及待地向他做自我介绍。这时，只有一名学生，由于起身晚了一步，没来得及围上去，等他想接近主考官时，主考官的周围已经是水泄不通了，根本没有接近的可能。

于是他错过了接近主考官的大好机会，他觉得自己也许已经错过了机会，于是有些懊丧起来。正在这时，他看见一个外国女人有些落寞地站在大厅一角，目光茫然地望着窗外，他想：身在异国的她是不是遇到了什么麻烦，不知自己能不能帮上忙。于是他走过去，彬彬有礼地和她打招呼，然后向她做了自我介绍，最后他问道："夫人，您有什么需要我帮助的吗？"接下来两个人聊得非常投机。

后来这名学生被劳伦斯·金选中了，在30名候选人中，他的成绩并不是最好的，而且面试之前他错过了跟主考官接触、加深自己在主考官心目中印象的最佳机会，但是他却无心插柳柳成荫。原来，那位异国女子正是劳伦斯·金的夫人，这件事曾经引起很多人的震动：原来错过了美丽，收获的并不一定是遗憾，有时甚至可能是圆满。

人生要留一份从容给自己，这样就可以对不顺心的事，泰然处之；对名利得失，顺其自然。要知道世上所有的机遇并不都是为你而设的，人生总是有得有失，有成有败，生命之舟本来就是在得失之间浮沉！美丽的机会人人珍惜，然而却并非我们都能抓住，错过了的美丽不一定就值得遗憾。

叁：丢掉你的懦弱，成就要靠挫折炼铸

从前，一位旅行者听说有一个地方景色绝佳，于是他决定不惜一切代价也要找到那个地方，一饱秀色。可是经历了数年的跋山涉水、千辛万苦后，他已相当疲惫，但目的地依然遥遥无期。这时，有位老者给他指了一条岔路，告诉他美丽的地方很多很多，没必要沿着一条路走到底。他按老者的话去做了，不久他就看到了许多异常美丽的景色，他赞不绝口，流连忘返，庆幸自己没有一味地去找寻梦中那个美丽的地方。

生活就是如此，跋涉于生命之旅，我们的视野有限，如果不肯错过眼前的一些景色，那么可能错过的就是前方更迷人的景色，只有那些善于舍弃的人，才会欣赏到真正的美景。

有些错过会诞生美丽，只要你的眼睛和心灵始终在寻找，幸福和快乐很快就会来到。只是有的时候，错过需要勇气，也需要智慧。

喜欢一样东西不一定非要得到它。有时候，有些人为了得到他喜欢的东西，殚精竭虑，费尽心机，更有甚者可能会不择手段，以致走向极端。也许他在拼命追逐之后得到了自己喜欢的东西，但是在追逐的过程中，他失去的东西也无法计算，他付出的代价应该是很沉重的，是其得到的东西所无法弥补的。

为了强求一样东西而令自己的身心疲惫不堪，这很不划算，况且有些东西一旦你得到以后，日子一久或许就会发现它并不如原本想象中的好。如果你再发现你失去的比得到的东西更珍贵的时候，你一定会懊恼不已。俗话说："得不到的东西永远是最好的。"所以当你喜欢一样东西时，得到它也许并不是最明智的选择，而错过它却会让你有意想不到的收获。总之，人生需要一点随意和随缘，不为失去了的遗憾，也不为希求着的执着。

许多的心情，可能只有经历过之后才会懂得，如感情，痛过了之后才会懂得如何保护自己，傻过了之后才会懂得适时的坚持与放弃，在得到与失去的过程中，我们慢慢认识自己，其实生活并不需要这么些无谓的执着，没有什么真的不能割舍的，学会放弃，生活会更容易！

因此，在你感觉到人生处于最困顿的时刻，也不要为错过而惋惜。失去的有时会带给你意想不到的收获。花朵虽美，但毕竟有凋谢的一天，请不要再对花长叹了。因为可能在接下来的时间里，你将收获雨滴的温馨和细雨的浪漫。

幸福箴言

毋庸置疑，在人这一生中，必然要经历无数次的错过，当我们失去了满以为可以得到的美好，总是会更加感叹人生路的难走。其实大可不必如此，不管人生错过了什么，我们都应致力于让自己的生命充满亮丽与光彩。

心若在，梦就在

人这一生会遇到很多困难和挫折。面对一时难以解决的问题，逃避和消沉是下下策，我们应该尝试着以阳光心态去迎接苦难，让阳光充满我们的生活。

天助自助者。只要还相信有希望，就会有奋斗，就会有机会。最悲惨的就是万念俱灰。一些人在连续遭遇挫折后，失去了自信心，经历了多次众叛亲离，以致最终绝望。其实，人在低谷的时候，只要你抬脚走，就会走向高处，这就是否极泰来；如果你躺下不动了，这就是坟墓。

　　时运不济，人人都可能遇到，一辈子都没有受过挫折的人是很少的。

　　杜克·鲁德曼是一个年过60岁的老人。他自认为是一个遭受失败最多的人。他热衷于石油的开采，他说他一生中每打4口井，就有3口是枯井。可是他依然从逆境中走了出来，成了一个身价超过两亿美元的富翁。杜克·鲁德曼自己回忆说："当年我被学校开除后，就跑到得克萨斯的油田找了一份工作。随着经验的逐渐丰富，我便想自己当一名独立的石油勘探者。那时候，每当我手里有钱了，我就自己租赁设备，进行石油勘探。在连续的两年里，我一共打了将近30口井，但全部是枯井。当时，我真的是失望极了。"杜克·鲁德曼的确陷入了困境，将近40岁了，依然一无所成。但是，他不但没有被逆境压倒，反而更加勤奋努力。他开始研读各种与石油开采有关的书籍，获得了丰富的理论知识。等理论知识掌握得非常充分的时候，他卷土重来，租好设备，找好地皮，进行又一次石油开采。这一次他没有遇到枯井，看到的是汩汩的石油。

　　每一种挫折或不利的突变，都隐含着同样或更多有利的种子。最危险的时候，也就是你的爆破力发展到最大限度的时候。任何事情都是多方面的，我们看到的只是其中的一个侧面。

李婉是个"天之骄女",她大学毕业了,谁知国家在分配上实行双向选择。最后虽找到了工作,可是一年后,又赶上单位大裁员,她下岗了。她先后又干了几份工作,但都做不长久就被辞退了。

李婉开始自我反省,如此失败也许是没有为踏入社会做好准备。她并没有沮丧,选择了从头再来。经过深思熟虑,她去了滨海的一个农场,利用所学的知识,专门种植荷兰的一种郁金香。后来,这种花在几个大城市供不应求。李婉第一年的纯收入就超过了7万元。

李婉的经历告诉我们,在时运不济的时候,每个人都可以有两种选择:一种是怨天尤人,一种是乐观向上。只要你能审时度势,自强不息,总有一条很宽广的路是为你准备的。

失败不可怕,就怕心死。成功,必须要有百折不挠的斗志。只要心不死,只要你还在奋斗,那么,希望的灯火就不会熄灭。

诚然,你有权利选择战斗或放弃,但结果肯定大不相同。幸福眷顾那些刚强之人,无论现实是何等的残酷,只要精神屹立不倒,人生就还有欢乐存在。人活于世,始终要保留着希望,丢失了希望,与行尸走肉又有何异?事实上,只要我们能够在逆境中坚守希望,总会有雨过天晴的时候。

幸福箴言

请走出阴影,沐浴在明媚的阳光之中。不管过去的一切多么痛苦,多么顽固,把它们抛到九霄云外。不要让担忧、恐惧、焦虑和遗憾消耗你的精力。把你的精力投入到未来的创造中去吧!请记住:心若在,梦就在!

叁:丢掉你的懦弱,成就要靠挫折炼铸

做事但求尽本分

你无法决定生命的长度，但可以控制它的宽度；你无法控制天气，但可以改变心情；你无法改变容貌，但可以满面笑容；你无法预知明天，但可以充实今天；你无法一帆风顺，但可以不遗余力。人生亦如镜子，你怎样对它，它便怎样对你。

我们在生活中，也常常遭遇一些无法改变的事情。遇到这些事情，不要去硬拼，更没必要非弄个鱼死网破，因为鱼死了网也未必会破；也不必弄个玉碎瓦全，因为碎了的玉和瓦没什么区别，不如去顺应。

一位美国旅行者来到苏格兰北部。他问一位坐在墙边的老人："明天天气怎么样？"

老人看也没看天空就回答说："是我喜欢的天气。"

旅行者又问："会出太阳吗？"

"我不知道。"老人回答。

"那么，会下雨吗？"

"我也不知道。"

这时旅行者已经完全被搞糊涂了。"好吧"他说，"如果是你喜欢的那种天气，那会是什么天气呢？"

老人看着美国人，慢慢说道："很久以前我就知道自己无法控制天气，所以不管天气怎样，我都会喜欢。"

既然控制不了，就选择去喜欢！不要固执地扛住不放，有时，"顺应天命"也是一种不错的选择。别为你无法控制的事情而烦恼，你要做的是决定自己对于既成事实的态度。

生活就是这样，当你没办法改变世界时，唯一的方法就是改变自己。

许多年前，一个妙龄少女来到东京酒店当服务员。这是她的第一份工作，因此她很激动，暗下决心：一定要好好干。她想不到：上司安排她洗厕所。洗厕所！说实话没人爱干，何况她从未干过这种粗重又脏累的活，细皮嫩肉、喜爱洁净的她干得了吗？她陷入了困惑、苦恼之中，也哭过鼻子。

这时，她面临着人生的一大抉择：是继续干下去，还是另谋职业？继续干下去——太难了！另谋职业——知难而退？她不甘心就这样败下阵来，因为她曾下过决心：人生第一步一定要走好，马虎不得！这时，同单位一位前辈及时出现在她面前，帮她摆脱了困惑、苦恼，帮她迈好了这人生的第一步，更重要的是帮她认清了人生之路应该如何走。他并没有用空洞的理论去说教，只是亲自做给她看了一遍。

首先，他一遍遍地抹洗着马桶，直到抹洗得光洁如新；然后，他从马桶里盛了一杯水，一饮而尽，竟然毫不勉强。实际行动胜过万语千言，他不用一言一语就告诉了少女一个极为朴素、极为简单的真理：光洁如新，要点在于"新"，新则不脏，因为不会有人认为新马桶脏，也因为马桶中的水是不脏的，所以是可以喝的；反过来讲，只有马桶中的水达到可以喝的洁净程度，才算是把马桶洗得"光洁如新"了，而这一点已被证明可以办得到。

　　同时，他送给她一个含蓄的、富有深意的微笑，送给她关注的、鼓励的目光。这已经够用了，因为她早已激动得几乎不能自持，从身体到灵魂都在震颤。她目瞪口呆、热泪盈眶、恍然大悟、如梦初醒！她痛下决心："就算一生洗厕所，也要做一名洗厕所最出色的人！"

　　从此，她成为一个全新的、振奋的人，她的工作质量也达到了那位前辈的高水平。当然，她也多次喝过马桶水，为了检验自己的自信心，为了证实自己的工作质量，也为了强化自己的敬业心。她就是日本邮政大臣野田圣子。

　　在生活和工作中，我们会遇到许多的不如意。比如，你是一个刚毕业的学生，很喜欢编辑的工作，可是放在你面前的就只有文员的角色；你是一个准妈妈，很想要个儿子，可是生下来的偏偏是女儿；你正处于事业的爬坡期，你以为升职的名单里会有你，可是另一个你认为不如你的人却代替你升了职……既然改变不了事实，那么我们何不顺应环境，理清思绪，让自己重新开始呢？

　　要知道，没有人可以事事顺心如意，哪怕是古时的皇帝。所以，别用你的固执，去挑战生活的脾气，对于那些无力改变的事情，我们不妨用积极的心态去接受它、去改变它，让它渐渐变成你想要的模样。

幸福箴言

　　人生在世，凡事但求尽能力、尽本分、尽良心去做，至于结果如何又是另一回事，问心无愧即可。所谓"谋事在人，成事在天"，你只要竭尽全力，人生便不存在遗憾。

肆
破除思维定式,曲径抑或畅通无阻

　　同样的环境下,有些人做什么事都风生水起,有些人却一步一绊,仿佛天生晦气,喝口凉水都塞牙,难道真的是命运作祟?不然!实际上,之所以出现这种差别,很大程度上在于二者思维模式不同。今时今日,世界瞬息万变,竞争空前激烈,我们最大的危险并不是来自外界的威胁,而是我们的思维能否跟得上时代的步伐。思维将决定我们如何思考以及最终成为什么样的人,故而若想得到你想要的幸福,那么请一定解除思维束缚。

方法对，事半功倍

在这个世界上，从来没有绝对的失败，有时候只要调整一下思路，转换一个视角，失败就会变成成功。一个聪明的人，不会总在一个层次做固定思考，他们知道很多事情都是多面体，如果你在一个地方碰了壁，那也不要紧，换个角度你就会走向成功。

为什么有人成功？有人失败？这其实是一个说简单也简单，说复杂也复杂的问题。

有一位颇有成就的励志专家曾讲过这样一个故事：

那天，我的一位朋友来看我，他父亲是我在内地的同事，曾在我任教的学校和我在同一间宿舍里生活了一年。他初中文化，工作后因工伤断了一根手指，二十多岁就开始病退在家。我正式调来深圳后，帮他在单位找了一份保安工作，但他干了不到三个月就辞职了，从此我们失去了联系。

没想到过了六七年他会来看我，我很高兴。他告诉我他在内地一家房地产公司做老总，我听了差点吓得跌个跟头。他说他离开学校后就去一家地产公司做销售员，由于工作努力，业绩突出，不久就被提升为销售部负责人。他们公司的主项是与大学合建教师楼。他发现现在大学教师收入很高，而教师宿舍都是一些很老旧的房子，教师又不愿意离开校园生活，因此都想在学校附近买商品房。

刚好他叔叔在内地开了家房地产公司，他认为当地的房价在全国大城市中是最低的之一,他决定回内地发展。他给他叔叔详谈了他的全套想法,他叔叔很赞同,决定让他负责大学城的开发。

果然大学城销售很好,引起了轰动。他说,有的顾客上午来看房,到了下午就又涨价了。

因此不少大学纷纷找他们公司合作,业务量突飞猛涨。后来他叔叔干脆将公司的主项转到了大学城的开发,并任命他为总经理。

他的成长让我感叹了许久,从他身上我发现,成功者其实跟我们一样的普通,他们之所以成功,只是因为他们运用了正确的方法。

记得读初二时,学校举办背英语单词竞赛,我考得很差,但同桌却是全年级第一名,那时我也认为是自己记忆力不好。后来同桌告诉了我他记单词的方法,将单词分类,将加了后缀和相近的单词归类在一起,每天上学、放学的路上,就在心里默默记诵。我采用了他的方法,并按自己的习惯将单词重新分类,不仅上学、放学路上记,临睡前也在心里默默地记一遍,结果到了初三,在学校的背单词竞赛中,我就成了第一名。

这个体会让我知道,成功者运用的方法,我也一样可以学到,也一样可以运用去取得成功。

生理学家经研究指出,人的神经系统大致相同。既然大致相同,那别人能做到的,我们为什么不能做到呢?

那些人之所以能够成功,只是运用了正确的方法,而他们的方法我们一样可以学到,一样可以运用到生活中,帮助自己取得成绩。从另一方面说,注意向成功者学习,掌握正确方法和技巧,也是获取成功的捷径。

成功者用几十年摸索出来的路,我们没必要再用几十年去摸索,我们只要从他们那里学习过来即可。一如你要去别人家中,最快的方法当然是让他带领,因为他对这条路再熟悉不过。所以不论你做什么事情，进步最快的方法，就是找到该领域的佼佼者，向他学习。

多见世面，增长见识，去跟最优秀的人接触、交谈，就是提升自己的捷径。

就工作而言，现代年轻人择业往往考虑的是企业的规模和薪金的高低，这是目光短浅的表现。其实年轻人的路还长，目前最重要的就是学习，取得经验，掌握长远"作战"的方法技巧。因此，首先要考虑的应该是在这里能学到些什么，对自己未来的发展有什么帮助，这才是有长远眼光，而不是暂时的工作的稳定性和收入的高低。

在体育界，大家都知道教练的作用非常重要。美国 NBA 的湖人队很长一段时间都没拿过冠军了，但请了曾多次带领公牛队夺冠的杰克逊当教练后，队员并没有变，湖人队当年就取得了 NBA 的总冠军。

运动员需要教练，教练的作用很重要；其实人生也需要教练，教练的作用也很重要。我们的人生教练就是那些成功者、教师和一些好的书以及我们周围的所有能帮助到我们的人。因为他们能提供最快捷、最正确的成功技巧，让我们尽可能地掌握人生战场的制胜兵法。

幸福箴言

很多时候，我们人生受到阻碍，并不是因为我们的目标太多，实现起来太过困难，反而是我们用错了方法。其实，只要你肯用心，找到一条通向成功的捷径，幸福往往就很容易获得。

拆除思维的墙

在会做事者的字典里，从来就没有"不可能"这三个字，当别人都认为遇到绝境时，他们却能找到突破的方法，这就是思考问题方式不同所造成的区别。思考问题时，我们应该摆脱惯性思维的限制，不去预设立场，然后你就会发现，"不可能"之中往往隐藏着宝贵的机会。

大多时候，人们往往会受到思维定式的限制，一旦碰到用现有方法解决不了的事情，就认为这件事不可能成功了，其实只要你能突破这种惯性思维，你就会知道世界上根本没有所谓的不可能。

在我们被关在思维定式的笼子中时，很多事情我们不敢去尝试，进而认为它是不可能完成的任务，因为跳不出思维的笼子，所以我们永远也得不到生命中的"甜果"。其实很多看似不可能的事情，只要打开思路，你就可以获得成功。

早在1984年以前，主动申办奥运会的国家乏陈可数，因为那时候举办奥运会都是赔钱的。不过，1984年的美国洛杉矶奥运会则是一个转折点，因为那次奥运会非但没亏一分钱，反而获益2亿多美元。或许有人要问，难道美国人有什么绝招？是的，这是一个名叫尤伯罗斯的美国人施展绝技，创造了这一奇迹。

20世纪70年代，尤伯罗斯已是北美第二大旅游公司的老板，但除了在业界，几乎没人听过他的名字。尤伯罗斯本人爱好体育，并具有创建、发展和管理大型企业的经验，且精通全球公关事务，因此参与了竞争洛杉矶奥运会组委会主席的职位，并一举获得成功。尤伯罗斯上任后，用上了他熟悉的种种商业手段——出售奥运会电视转播权，获3.6亿美元收益；与可口可乐等公司大打心理战，募得超出预计的860万美元赞助费；以往的奥运会万里长跑接力，都是由名人担任，尤伯罗斯却别出心裁，表示谁都可以去跑，只要身体健康。但他同时规定，每1公里需按3000美元收费，结果1.5万公里的路程，共计收得4500万美元。

1984年洛杉矶奥运会的成功，一举令尤伯罗斯享誉海内外。谈及自己的成功之道，他表示："世上的任何事情，只要你肯去想办法、用对方法，就一定会有所突破。"

对于成功的见地，人们可谓各怀己见，想法亦各有千秋。有人认为，成功源于勤奋；有人认为成功得益于家庭背景；有人认为性格决定成败……不错，各家所云都是决定成功的因素之一，本书同样也有自己的见解——想成功就一定要用对方法。方法正确，成功不远矣；方法有误，则极有可能"误入歧途"，距离成功反而越来越远。

生活中一些我们所认为"不可能"的事情，只要找对解决方法，就一切皆有"可能"。

幸福箴言

观念给我们在思考问题时带来倾向性，解决一般问题的时候可以起到"驾轻就熟"的积极作用，但是很多时候它也是一种障碍、一种束缚。所以，如果我们想让自己更成功，就要摆脱固定的思维模式，不断提出解决问题的新观念，你会发现一切皆有可能。

敢于突破，路才更广阔

一个人若想有所建树，就必须打破旧经验，只有"打破"才会有希望。

进入21世纪以后，人们口中提到最多的字就是"新"，诸如新世纪、新时代、新经济、新风貌、新发展、新气魄、新跨越……，可谓不胜枚举。的确，21世纪是知识经济的世纪，是一日千里的信息时代，在大时代背景下，生存竞争愈演愈烈，一个人如果想在21世纪立足，就必须拥有创新精神，否则等待你的必将是淘汰！

我们一起去看看以下几个小故事：

故事一，苍蝇的智慧

美国密执安大学著名学者卡尔·韦克曾做过这样一个实验：将6只蜜蜂及6只苍蝇装进同一个玻璃瓶中，然后将瓶子平放，让瓶底朝向窗户。这时你会发现——蜜蜂不停地在瓶底寻找出路，直到力竭而死；苍蝇则会在两分钟之内，穿过瓶颈找回自由。事实上，正是由于蜜蜂对光亮的喜爱和它们的超群能力，才使得它们走向灭亡。

实验告诉我们，那些过分迷信于自己的能力和判断、固守教条的人，最后往往难逃厄运。人类的生存环境变得越来越不可预期、不可想象、不可理解，生活中的"蜜蜂们"，随时都有可能撞上走不出去的"玻璃墙"。

肆：破除思维定式，曲径抑或畅通无阻

故事二，驴子过河

驴子进城，需要渡过一条河。去时它驮着盐袋，盐遇水化了不少，驴子感到周身轻松；回来时，尝到甜头的驴子想要如法炮制一番，但这次它驮得是棉花。结果，棉花浸水以后越来越沉，驴子不堪重负，溺死在河中。

这个故事说明，在不断变化的外部环境和自身状况面前，一味套用以往的成功经验是极其愚蠢的。人要向前看！不要习惯性地认为以前的"正确"，一直就都"正确"，很多事情必须要在尝试以后才能得出结论。解决问题的方法有很多，只要在法律、道德允许的范畴内，能让自己的人生取得成功，那就是"正道"。在这个瞬息万变的世界中，如果你想好好生存，就必须拥有创新的智慧，而不是教条式的机智。

故事三，猴子与香蕉

有人将5只猴子关入铁笼，铁笼上方挂了一串香蕉，旁边设有一个感应装置，一旦猴子接近香蕉，立即便会有水喷向笼子。猴子们发现了香蕉，如此美味怎能放过？于是其中一只奔了过去，结果，他们全部成了落汤鸡。猴子们不甘心，一一前去尝试，结果被淋了5次。于是猴子们形成了统一意见——绝不可以去拿香蕉，因为会有水喷出来。

后来，人们将其中一只猴子牵走，放入一只新猴。新猴一见到香蕉，马上就要去摘，结果被其他4只狠狠捧了一顿，因为它们害怕新猴连累自己被水淋。新猴又作了几次尝试，最后被打得满头是血，因此只好作罢。人们如法炮制，再牵出一只旧猴，放入一只新猴，并且撤掉了喷水装置。然而，这只新猴依旧与它的"前辈"遭受了同等待遇。如此一来二去，笼中的旧猴全部被换成了新猴，但没有一只猴敢去动那只香蕉，虽然它们都不知道"不能动"的原因。

毫无疑问，是旧经验束缚了猴子，令原本唾手可得的美食变得遥不可及。事实上，很多人的思维与这些猴子毫无二致，他们在遭遇某类挫折之后，就变得"一遭被蛇咬，十年怕井绳"，唯唯诺诺不敢向前。殊不知，时过境迁，原本危险的东西如今或许正是成功的捷径，为何不去尝试？为何不敢突破？一个人想要有所建树，就必须打破旧经验，就必须要变化，只有变化了才会有希望。

美国著名管理大师彼得·杜拉克曾经说过："不创新，就死亡！"此语乃是验证无数客观事实得出的结论。近年来，宣布破产的企业老总比比皆是，原因也是各种各样，其中很重要的一条就是不懂创新。

竞争于人而言，基本是平等的。社会环境宛如一条不断流淌的河流，时时都在动、都在变化。眼前的成功只是暂时的，任何成功的经验都不是一成不变的，你要想时刻处于成功的位置，就必须不停地否定自己，时刻督促自己进行变化、进行创新，否则停滞不前。

幸福箴言

这个世界上唯一不变的就是变化。变则通，通则达。特别在竞争激烈的今天，我们若不想被淘汰，就要时刻站在时代的前沿。懂得创新的人通常具有非同寻常的视角，他们会质疑成功背后的假设，挑战旧传统，可能会发现突变的趋势，从而为自己带来增长的机会。

做个"独立"的人

爱默生曾经说过:"想要成为一个真正的'人',首先必须是个不盲从的人。你心灵的完整性是不容侵犯的……当我放弃自己的立场,而想用别人的观点去看一件事的时候,错误便造成了……"的确,一个人,只要认为自己的立场和观点正确,就要勇于坚持下去,而不必在乎别人如何去评价。

美国的威尔逊在最初创业时,只有一台价值50美元分期付款赊来的爆米花机。第二次世界大战结束后,他做生意赚了点钱,于是就决定从事地皮生意。当时,在美国从事地皮生意的人并不多,因为"二战"后人们一般都比较穷,买地皮建房子、建商店、盖厂房的人很少,地皮的价格也很低。当亲朋好友听说威尔逊要做地皮生意,都强烈地反对。而威尔逊却坚持己见,他认为反对他的人目光短浅,虽然连年的战争使美国的经济很不景气,可美国是战胜国,经济会很快进入大发展时期。到那时买地皮的人一定会增多,地皮的价格会暴涨。于是,威尔逊用手头的全部资金再加一部分贷款在市郊买下很大的一片荒地。这片土地由于地势低洼,不适宜耕种,所以很少有人问津。但是威尔逊亲自考察了以后,还是决定买下了这片荒地。他的预测是,美国经济会很快繁荣,城市人口会日益增多,市区将会不断扩大,必然向郊区延伸。在不远的将来,这片土地一定会变成黄金地段。

后来的发展验证了他的预见。不到三年时间,美国城市人口剧增，市区迅速发展，大马路一直修到威尔逊买的土地的边上。这时，人们才发现，这片土地周围风景宜人，是人们夏日避暑的好地方。于是，这片土地价格倍增，许多商人竞相出高价购买，但威尔逊不为眼前的利益所惑，他还有更长远的打算。后来，威尔逊在这片土地上盖起了一座汽车旅馆，命名为"假日旅馆"。由于它的地理位置好，舒适方便。开业后，顾客盈门，生意非常兴隆。从此以后，威尔逊的生意越做越大，他的假日旅馆逐步遍及世界各地。

坚持一项并不被人支持的原则，或不随便迁就一项普遍为人支持的原则，都不是一件容易的事。但是，如果一旦这样做了，就一定会赢得别人的尊重，体现出自己的价值。

现在由于人们已十分习惯于依赖专家权威性的看法，所以便逐渐丧失了对自己的信心，以至于不能对许多事情提出自己的意见或坚持信念。这些专家之所以取代了人们对事物的判断，是因为人们更容易受现实左右。

没有独立的思维方法、生活能力和自己的主见，那么生活、事业就无从谈起。众人观点各异，欲听也无所适从，只有把别人的话当参考，坚持自己的观点按着自己的主张走，一切才处之泰然。

一个人能认清自己的才能，找到自己的方向，已经不容易；更不容易的是，能抗拒潮流的冲击。许多人仅仅为了某些时髦或流行，就跟着别人随波逐流而去。他忘了衡量自己的才干与兴趣，因此把原有的才干也付诸东流。所得只是一时的热闹，而失去了真正成功的机会。

一个真正独立的"人"，必然是个不轻信盲从的人。一个人心灵的完整性是不能破坏的。当我们放弃自己的立场，而想用别人的观点来评价一件事的时候，错误往往就不期而至了。

我们也许可以做这样的理解："要尽可能从他人的观点来看事

情，但不可因此而失去自己的观点。"

　　当我们身处于陌生的环境，没有任何经验可供参考的时候，就需要我们不断地建立信心，然后才能按照自己的信念和原则去做。假如成熟能带给你什么好处的话，那便是发现自己的信念并有实现这些信念的勇气，无论遇到什么样的情况。

　　时间能让我们总结出一套属于自己的审判标准来。举例来说，我们会发现诚实是最好的行事指南，这不只因为许多人这样教导过我们，而是通过我们自己的观察、摸索和思考的结果。很幸运的是，对整个社会来说，大部分人对生活上的基本原则表示认可，否则，我们就要陷于一片混乱之中了。保持思想独立不随波逐流很难，至少不是件简单的事，有时还有危险性。为了追求安全感，人们顺应环境，最后常常变成了环境的奴隶。然而，无数事实告诉人们：人的真正自由，是在接受生活的各种挑战之后，是经过不断追求、拼搏并经历各种争议之后争取来的。

　　如果我们真的成熟了，便不再需要怯懦地到避难所里去顺应环境；我们不必藏在人群当中，不敢把自己的独特性表现出来；我们不必盲目顺从他人的思想，而是凡事有自己的观点与主张。

幸福箴言

　　对于生活中的我们来说，能拥有自己的完整心灵，使其神圣不受侵犯，即坚守信念，不要盲从，不要随波逐流，这是非常重要的。请一定记住：跟着别人走，你永远只能居于人后。

奇思可有奇效

用众所周知的办法取胜于人，不算有本事。你能举起一根毫毛，不能说有力气；能看见太阳和月亮，不能说有眼力；能听到轰隆的雷声，不能说耳朵比别人灵。那些会办事的人，总是先一步，出奇制胜。

以对方想不到的方法将其打败，这就是出奇制胜。出奇，可以看成是一种创新。众人熟知的套路必定众人都有准备，要想取得胜利，必须抛开习惯思维，摒弃陈腐观点，以新思维思考问题，用新办法解决问题。在这一过程中，创新就产生了。

有个商人，他把独生子鲁特送到外国去读书。不久这个商人突然病倒了，在弥留之际，他立下遗嘱，把家中所有财产都转让给了长期服侍自己的贴身仆人。不过如果他的儿子鲁特要财产中的哪一件，仆人须毫无条件地满足他。商人死了以后，仆人很高兴。他披星戴月赶往国外，找到小主人，把老爷临死前立下的遗嘱拿给他看，鲁特看了以后十分伤心。

安葬好父亲后，鲁特一直在心里盘算自己应该怎么办。最后，他跑去找一个叫罗德曼的朋友，向他说明了情况。罗德曼听了以后说："你的父亲非常聪明，而且非常爱你。"鲁特不满地说："把遗产全部送给仆人还谈得上什么聪明，简直是愚蠢。"

罗德曼叫鲁特多动动脑子，只要想通了父亲希望他要的东西是什么，他就明白父亲的心意了。罗德曼告诉他："你父亲非常清楚，自己死后，身边没有一个亲人，仆人可能会带着自己辛苦挣来的遗产逃走，说不定连招呼都不打。所以，你父亲才在你不在身边的情况下使用了这种把全部遗产保护下来的办法。"可是，鲁特还是无法明白，既然遗产都送给个人了，保管得再好，对他又有什么好处。

罗德曼见鲁特死不开窍，只好实话实说："奴隶的财产全部属于主人，这你是应该知道的。你父亲不是给你留下了一样遗产吗？你只要选那个奴隶就行了。"这是多么精明的想法呀！

鲁特终于明白了父亲的良苦用心。原来，父亲使用了一个权宜之计，遗嘱中所给予奴隶的一切用一个"但是"作为前提，把奴隶美好的一切都变成了梦幻泡影。这个"但是"是商人所立遗嘱的关键。

聪明的商人正是利用此招数成功地保住了自己的遗产，他的做法很值得我们学习和借鉴。因此，办事情的时候，只要心中有把握，再加上头脑中有出奇制胜的方法，事情就一定能够办成。

结果是检验事情成败的唯一标准，所以，办事情必须讲究策略和方法。这里的策略和方法并非是指耍什么阴谋诡计，而是说尽量用最佳策略和方法来争取最佳结果。这个策略和方法越是简单、有效，就越有杀伤力。

我们在办事中要做到有把握，就必须知己知彼。孙子说："不知彼而知己，一胜一负；不知彼，不知己，每战必败。"我们无论办任何事均应做好事前的调查工作，冷静客观地认清双方的具体情况，才能获胜。

军事上讲：不打没有把握的仗。同理，我们办事也不要办没把握的事，因为，办有把握的事，才会有胜算；办有把握的事，成功的几率才会更大。

要想达到办事成功的目的，就必须用一点绝招，见人之所未见，行人之所未行，方可达到出奇制胜的目的。

幸福箴言

出奇制胜需要一颗灵活的头脑。有人曾经说过，所有成功的秘密就在于对你身边的一切保持高度关注，调整自己以适应周围的环境；意识到时机与资源的宝贵，在适当的时间里说别人想听的话和需要听的话；仅仅处理好事情是远远不够的，还需要在适当的时间和适当的场合去处理。出奇制胜是敏锐的洞察力，以及在紧急时刻快速反应能力的法宝。

置之死地而后生

人生欲有所得则必有所失，欲有所取则必有所弃。当进退无路之时，或许将自己逼入"绝境"，反而能够柳暗花明。关键是你敢不敢"置之死地而后生"。

人这一辈子，不可避免地要遭遇很多困境。倘若某一刻我们的处境极其恶劣、极其不利，进不得进、退不得退，那么不妨将唯一可以逃跑的希望切断，逼着自己去突破"绝境"。如此，则有可能刺激起我们体内沉睡的强烈潜能，发挥出我们最大的能量。

秦始皇驾崩，胡亥无能，赵高横行。原六国贵族见势纷纷揭竿而起，一时间战火纷飞，天下大乱。秦将章邯击破项梁率领的楚军主力以后，认为楚军元气大伤，无须加以担心，遂撇下项羽，率大军北渡黄河，直取赵王赵歇。赵未作防备，一触即溃，退守巨鹿不出。章邯遣大将王离和涉间将巨鹿城团团围住。

赵军被围，苦熬不住，遂遣人突出城池，四处求救。燕、齐两国援军当先赶到，但见秦军势大，为求自保，均畏畏缩缩不敢向前。楚接到求援信后，急备兵马，遣宋义为上将，项羽为次将，范增为末将挥军北上救赵。

宋义本胆小怕事之辈，不过以甜言蜜语骗得楚王信任，谋得兵权，根本无救赵之心。军队行至安阳（今山东省曹县东）时，宋义下令停军歇息，可一住竟是40余日，每日只管喝酒取乐。项羽屡谏无果，反遭奚落，盛怒之下"借头发令"，斩了宋义，自代上将军一职，挥军救赵。

楚军度过漳河以后，项羽下令：所有将士饱餐一顿，每人再带足三日食粮，将饭锅砸碎，将渡船凿沉，同时烧掉所有行军帐篷。楚军将士眼见此景，深知此战若不胜，谁也别想生还故乡。是故两军阵前，各个奋勇杀敌，以一当十，一连九次接锋，直杀得天地变色、尸横遍野、血流成河。最后，终于以少胜多，大破秦军，杀了秦将苏角，虏了王离，涉间被打得走投无路，只好自焚而死，章邯带着残兵败将急忙后退，在四下无援的情况下，只得向项羽举起了白旗。

此一役，项羽威震楚国，名闻诸侯。"召见诸侯将，入辕门，无不膝行而前，莫敢仰视。项羽由是始为诸侯上将军，诸侯皆属焉。"

自断后路是一种勇气，更是一种成事的智慧。这不是鲁莽，是聪明，一个人如果总想着自己的后路，他就无法集中全力出击，所以很多时候自断后路就是在开辟生路。

斩断自己的后路，让自己陷入绝境中，往往可以创造出奇迹。人们做事时，总想着要给自己留条后路，进可攻，退可守。这是一种比较谨慎的做法，但这种做法常会导致一个人失去进取心，所以必要的时候，我们应该主动斩断自己的退路，破釜沉舟的人往往能够绝地逢生。

南京有一个年轻人大学毕业后开始求职，但由于他所学的专业实在太冷，半年过去了，仍未找到工作。他的老家是一个偏远山区，为了供他上大学，家里已经拿出了全部的钱，所以即使再没有钱，他也不好意思再跟家里伸手了。

2000年6月的一天，他终于弹尽粮绝了，在那个阳光和煦的午后，年轻人在大街上漫无目的地走着，路过一家大酒楼时，他停住了。他已经记不清有多久不曾吃过一顿有酒有菜的饱饭了。酒楼里那光亮整洁的餐桌，美味可口的佳肴，还有服务小姐温和礼貌的问候，令他无限向往。他的心中忽然升起一股不顾一切的勇气，于是便推开门走了进去，选一张靠窗的桌子坐下，然后从容地点菜。他简单地要了一份烧茄子和一份扬州炒饭，想了想，又要了一瓶啤酒。吃过饭后，又将剩下的酒一饮而尽，他借酒壮胆，努力做出镇定的样子对服务员说："麻烦你请经理出来一下，我有事找他谈。"

经理很快出来了，是个四十多岁的中年人。年轻人开口便问："你们要雇人吗？我来打工行不行？"经理听后显然愣了："怎么想到这里来打工呢？"他恳切地回答："我刚才吃得很饱，我希望每天都能吃饱。我已经没有一分钱了，如果你不雇我，我就没办法还你的饭钱了。如果你可以让我来这里打工，那就有机会从我的工资中扣除今天的饭钱。"

酒楼经理忍不住笑了，向服务员要来他的点菜单看了看说："你并不贪心，看来真的只是为了吃饱饭。这样吧，你先写个简历给我，看看可以给你安排个什么工作。"

此后这个年轻人开始了在这家酒店的打工生涯，历尽磨难，他从办公室文秘做到西餐部经理又做到酒店副总经理。再后来，他集资开起了自己的酒店。

置之死地而后生！遇到非常时期，人是要有点非常思维和非常勇气的。在最后的关头，唯有抱着破釜沉舟的决心，才能绝地逢生。故事中的年轻人敢到酒楼里吃"霸王餐"，并以一种奇特的方式向经理推荐自己，这都是因为他知道自己身无分文，已经没有退路了，因此才有了这种不顾一切的勇气，可以说他的成功确是有一点偶然性的，我们不足效仿我们可能永远都碰不上这样的情况，但有时拿出勇气斩断后路，也能让自己更快地走向成功。

幸福箴言

爱惜生命、追求物质是人类的天性，但如果遇到危险或困难时，还受这种想法的局限，那你就会惨遭失败。"置之死地而后生，投之亡地而后存"，有时只有破釜沉舟，才能有柳暗花明。

没必要一条路走到黑

俗话说：条条大路通罗马。同样的一件事，会有很多种解决方法，同样的人生，亦有很多种活法可选择。我们说坚持就是胜利，但若是选择了努力的方向，则再怎么付出也是枉然。若如此，就该果断地选一条新路，懂得适时地放弃，其实也是一种进步。

如果方向错了的话，越是努力，距离真正的目标越远。这时候是考验我们内心的时候。懂得坚持和努力需要明智，懂得放弃则不仅需要智慧，更需要勇气。若是害怕放弃的痛苦，抱残守缺、心存侥幸，必将遭受更大的损失。

有这样一个可笑的故事：

两个贫苦的樵夫在山中发现两大包棉花，二人喜出望外，棉花的价格高过柴薪数倍，将这两包棉花卖掉，可保家人一个月衣食无忧。当下，二人各背一包棉花，匆匆向家中赶去。

走着走着，其中一名樵夫眼尖，看到林中有一大捆布。走近细看，竟是上等的细麻布，有十余匹之多。他欣喜之余和同伴商量，一同放下棉花，改背麻布回家。

可同伴却不这样想，他认为自己背着棉花已经走了一大段路，如今丢下棉花，岂不白费了很多力气？所以坚持不换麻布。前者在屡劝无果的情况下，只得自己尽力背起麻布，继续前行。

又走了一段路，背麻布的樵夫望见林中闪闪发光，待走近一看，地上竟然散落着数坛黄金，他赶忙邀同伴放下棉花，改用挑柴的扁担来挑黄金。

同伴仍不愿丢下棉花，并且怀疑那些黄金是假的，遂劝发现黄金的樵夫不要白费力气，免得空欢喜一场。

发现黄金的樵夫只好自己挑了两坛黄金和背棉花的伙伴赶路回家。走到山下时，无缘无故下了一场大雨，两人在空旷处被淋了个湿透。更不幸的是，背棉花的樵夫肩上的大包棉花吸饱了雨水，重得无法再背动，那樵夫不得已，只能丢下一路辛苦舍不得放弃的棉花，空着手和挑黄金的同伴向家中走去……

当机遇来临时，不一样的人会做出不同的选择。一些人会单纯地

肆：破除思维定式，曲径抑或畅通无阻

选择接受；一些人则会心存怀疑，驻足观望；一些人固守从前，不肯做出丝毫新的改变……毫无疑问，这林林种种的选择，自然会造就出不同的结果。其实，许多成功的契机，都是带有一定隐蔽性的，你能否做出正确的抉择，往往决定了你的成功与失败。

有时候，倘若我们能够放下一些固守，甚至是放下一些利益，反而会使我们获得更多。所以，面对人生的每一次选择，我们都要充分运用自己的智慧，做出准确、合理的判断，为自己选择一条广阔道路。同时，我们还要随时随地观心自省，检查自己的选择是否存在偏差，并及时加以调整，切不要像不肯放下棉花的樵夫一样，时刻固守着自己的执念，全不在乎自己的做法是否与成功法则相抵触。

学会适时放弃，就如同打牌一样，倘若摸到一手坏牌，就不要再希望这一盘是赢家，懂得撒手，不要再去浪费自己的精力。当然，在牌场上，有很多人在摸到一手臭牌时会对自己说，这盘肯定要输了，干脆不管它了，抽口烟、喝点水、歇口气，下盘接着来。但是，在真实生活中，像打牌时这般明智的人却很少有。

诚然，做人是要有点锲而不舍的精神，倘若总是半途而废，那么终其一生也很难做出成就。但是执着并不是死心眼，并不是明知道自己的方向有误，还一条路走到黑。

其实，人生不能只进不退，我们多少要明白点取舍的道理。当你为某一目标费尽心血，却丝毫看不到成功的希望时，适时放弃也是一种智慧，或许这一变通，便为你打开了新的篇章。

温伟佳与范宇楠是大学同学，二人毕业后都想成为公务员，进入政府部门工作。一次，二人在网上看到某市委调研室的招聘信息，于是便一起报了名。

两人一同走进考场。一周过去了，成绩在网上公布，他们都落榜了。但二人丝毫没有放弃的意思，相互鼓励对方明年接着再考。第二年，他们再一次走进考场。这次，他俩都顺利通过了第一轮的笔试。接着就该准备第二轮的面试了，两个人都在积极地准备着。

面试结束一周后，入围人员名单公布，发现只有温伟佳一个人被录取。此时，温伟佳对范宇楠说："没关系的，你再努力一年，一定会考上！"范宇楠赞同地点了点头。

执著的范宇楠准备第三次走进考场，巨大的心理压力下，他考得比任何一次都要糟糕，至此，他开始对自己的目标进行反思，经过一番思想斗争，他决定放弃到政府工作这条道路。

在落榜后的第二天，他就鼓励自己，并告诉自己要打起精神准备开始新的生活。于是他开始找工作。没想到一切都很顺利，不到两周，他就顺利地前往一家知名外企就职去了。

人生就是在成与败之中度过，失败了很正常，失败以后不气馁、继续坚持的精神也固然可嘉，但是，不看清眼前形式、不论利弊，一味埋头傻干，那就不能称之为执着了。如此，换来的很可能是再一次的折戟沉沙。所以，请不要一条路走到黑，打开眼界，当前路被堵死时换条路走，或许你就会收获幸福。

在人生的每一次关键选择中，我们应审慎地运用自己的智慧，做最正确的判断，选择属于你的正确方向。放下无谓的固执，冷静地用开放的心胸去做正确的抉择。正确无误的选择才能指引你永远走在通往成功的坦途上。

其实有时候，退几步，就是在为奔跑做准备。有时候，松开手，重新选择，人生反而会更加明朗。衡量一个人是否明智，不仅仅要看他在顺风时如何乘风破浪，更要看他在选错方向时懂不懂得转变思路，适时转舵。

幸福箴言

人生需要目标，但这个目标必须是合理的。如果选错了方向，那么，即使你再有本事，付出千百倍的努力，也不会获得成功。这个时候，过度坚持就会使你一败涂地，适时放弃就是进步。

伍
扩充心的容积，别让怨恨成为包袱

怨恨积于心底，必然有害身体。人生若想幸福，我们就不能让怨恨成为生活的包袱。去除怨恨这块心病，最佳的方法就是学会宽恕。只要宽恕了，怨恨自然而然也就烟消云散。一个人能否以宽恕之心对待周围的一切，是一种素质和修养的体现。大多数人都希望得到别人的宽容和谅解，可是自己却很难做到这一点，因为总是把别人的缺点和错误放大成烦恼和怨恨。宽容是一种美，当你做到了，你就是美的化身。

嫉妒潜伏心底，如毒蛇潜伏穴中

见别人胜过自己，心生不快，便是嫉妒，鲜有人没有这种烦恼。智者看到别人胜事，心中泛酸，便会立刻提醒自己释怀。因为嫉妒心一起，便会破坏心的清净。

自己想获得，而不愿他人也拥有，对于已经拥有者生愤恨心，便是嫉妒。做人切不可让嫉妒心泛滥，因为嫉妒中包含贪、嗔、痴念，对自己的伤害也颇大。嫉妒是一种极端情绪，是内心失衡的一种表现，每个人或多或少都会有点嫉妒心理，关键看你如何去把握，如何去控制。一旦嫉妒心理失控，不但难以有所建树，还会让自己活得疲惫不堪。

须知，一切嫉妒的火，都是从燃烧自己开始的。嫉妒者内心充满痛苦、焦虑、不安与怨恨，这些情绪久久郁积于内心，就会导致内分泌系统功能失调，心血管或神经系统功能紊乱，甚至破坏消化系统、血液循环系统的正常运行，会使大脑皮层下丘脑垂体激素、肾上腺皮质类激素分泌增加，使血清素类化学物质降低，引起多种疾病，如神经官能症、高血压、心脏病、肾病、肠胃病等，从而影响身心健康。所以说，嫉妒不仅是我们成功的障碍，更是我们健康的杀手，自从你将嫉妒种在心里的那一刻起，你的幸福感就逐渐消失了。

在我国，因嫉自殒，贻笑千古的当首推"周郎"了。

东汉末年，官渡一役令曹操声威大震，日益强盛起来。他先灭河北袁绍，又以不可挡之势先后灭掉几个大小诸侯，将刘备赶得几乎无处依身，最后又盯上了虎踞江东的孙权。曹操势大，诸葛亮遂提出联孙抗曹之论，刘备然之。于是，诸葛亮只身入东吴，舌战群雄、智激孙权，终于东吴结盟。

诸葛亮在吴期间，东吴都督周瑜忌诸葛亮之才，一心斩除以绝后患，但均被诸葛亮洞察先机一一化解，由此妒意愈深。

赤壁一战，凭诸葛亮、周瑜之智，得庞统、徐庶相助，火烧连环船，杀得曹军尸横遍野、血染江河，若不得关羽华容道义释曹操，几近无一生还。得意之余，周瑜欲乘胜而进，吞并曹操在荆州的地盘，谁知却被诸葛亮捷足先登。周瑜不甘，意欲强攻，又被赵云射回，自己还中了一箭。

此后，东吴几次追要荆州均无功而返，周瑜不禁心生一计，与孙权密谋假嫁妹，赚刘备入东吴，再图之。可惜，此计又未能逃过诸葛亮的眼睛，他授予赵云三个锦囊，最终使得周瑜"赔了夫人又折兵"。

终于，周瑜按耐不住，欲"借道伐虢"，一举灭掉刘备，却被深谙兵法的诸葛亮挡回，并书信一封讥讽周瑜。周瑜原本气量狭小，三气之下终于长叹一声"既生瑜，何生亮"，追随孙策而去。

有历史学家提出，诸葛亮与周瑜平生并无交集，这是罗贯中先生为神化诸葛亮而杜撰的情节。史实如何，我们且不去管它，然周瑜的一句"既生瑜，何生亮"却一直受到君子们的诟病，其原因就在于他没有一个正确的心态。面对才高于己的人，他不去谦虚讨教，以求他日赶超诸葛亮，反而去嫉妒、去陷害，最终负了孙策昔日之托，大业未成便撒手人寰。

嫉妒心强的人，一般自卑感都比较强，没有能力、没有信心赶超先进者，但却又有着极强的虚荣心，不甘心落后，不满足现状，所以看到一个人走在他前面了，他眼红、痛恨；另一个人也走在他前面了，他埋怨、愤怒、说三道四；第三个人又走在他前面了，他妒火上升、坐立不安……一方面，他要盯住成功者，试图找出他们成功的原因；另一方面，嫉妒又使得他心胸狭窄，戴着有色眼镜去看待别人的成功，觉得别人成功的原因似乎都是用不光彩的手段得来的，因而便想方设法去贬低他人，到处散布诽谤别人的谣言，有时甚至会干出伤天害理的事情来。这样做的结果，不但伤害了别人，同时也降低了自己的人格，毁掉了自己的荣誉，事后又难以避免地陷进自愧、自惭、自责、自罪、自弃等心理状态之中，为此夜不成眠，昼不能安，自己折磨自己。

很明显，嫉妒人正是因为己不如人。那么，我们为何不将嫉妒化作一种动力，借助这股动力去弥补自身的不足，赶超比你强的人呢？将嫉妒升华为良性竞争行为，嫉妒者会奋发进取，努力缩小与被嫉妒者之间的差距；而被嫉妒者面临挑战，一般也不会置若罔闻，为保持和发展自己的优势地位，他们会选择迎接挑战，从而强化竞争。也就是说，嫉妒可能会引发并维持一种现象，在良性竞争过程中，嫉妒双方一变而为竞争的双方，互相促进，共同优化。

嫉妒产生并促进良性竞争，但是，因嫉妒而采取如此积极态度和行为的人实在太少，嫉妒大量产生的是对立、仇视、攻击和破坏。古往今来，因嫉妒导致的悲剧不在少数。无怪乎巴尔扎克发出感叹："嫉妒潜伏在心底，如毒蛇潜伏在穴中。"

若想摆脱嫉妒的控制，重拾快乐，成就一个卓越的人生，从现在开始，你就必须唤醒自己的积极嫉妒心理，勇敢地向对手挑战。积极的嫉妒心理必然产生自爱、自强、奋斗、竞争的行动和意识。当你发现自己正隐隐嫉妒一个各方面都比自己优秀的同事时，你不妨反问自己——这是为什么？在得出明确结论以后，你会大受启示：

要赶超他人，就必须横下一条心，在学习和工作上努力，以求得事业成功。你不妨借助嫉妒心理的强烈超越意识去发奋努力，升华嫉妒之情，建立强大的自我意识，以增强竞争的信心。

幸福箴言

嫉妒心者多会害人害己。嫉妒别人就是在贬低自己，是自己承认不如别人，亦可以说是极度不自信引发的变态心理。其实你完全不必这样，只要将精力、时间、智慧集中起来做好自己的事情，你便会有所斩获。

别因嫉妒相残害

"憎恨是积极的不快，妒忌是消极的不快，所以妒忌很容易转化为憎恨。"倘若一个人因嫉生恨，乃至做出卑劣的事情，那么可以说，他的道德就败坏了。

人与人惺惺相惜，互相依存，我们共同生活在这个世界上，就是"生命的共同体"，而嫉妒，无疑是破坏这种依存关系的大祸端。一个人倘若被嫉妒心所操控，便免不了要为自己树敌；反之，若能降服嫉妒心，懂得欣赏他人的胜处，则是多了一些朋友。孰利孰弊，不言而喻。

只可惜，原是很浅显的道理，偏偏很多人悟不透、做不到，于是人世间嫉妒之心横行。培根在《论嫉妒》中写道——"世人历来

伍：扩充心的容积，别让怨恨成为包袱

注意到，所有情感中最令人神魂颠倒的莫过于爱情和嫉妒。这两种情感都会激起强烈的欲望，而且均可迅速转化成联想和幻觉，容易钻进世人的眼睛，尤其容易降到被爱被妒者身上……自身无德者常嫉妒他人之德，因为人心的滋养要么是自身之善，要么是他人之恶。而缺乏自身之善者必然要摄取他人之恶。于是凡无望达到他人之德行境地者便会极力贬低他人以求平衡……在人类所有情感中，嫉妒是一种最纠缠不休的感情，因其他感情的发生都有特定的时间场合，只是偶尔为之；所以古人说得好：嫉妒从不休假，因为它总在某些人心中作祟。世人还注意到，爱情和嫉妒的确会使人衣带渐宽，而其他感情却不致如此，原因是其他感情都不像爱情和嫉妒那样寒暑无间。嫉妒亦是最卑劣最堕落的一种感情，因此它是魔鬼的固有属性，魔鬼就是那个趁黑夜在麦田里撒稗种的嫉妒者；而就像一直所发生的那样，嫉妒也总是在暗中施展诡计，偷偷损害像麦黍之类的天下良物。"这寥寥数百字，已将嫉妒的丑陋一面剖析的淋漓尽致，事实上，古今圣达之人，亦大多对嫉妒心有余悸，雷萨克就曾经说过："一个人妒火中烧的时候，事实上就是个疯子……"由此可见，当嫉妒变态以后，它对人的危害是何其之大。

　　有两个重病患者同住在医院的一间病房，病房只有一扇窗。靠窗的那个病人遵医嘱，每天坐起来一小时，以排除肺部积液，但另外一个却只能整天仰卧在床上。

　　两个病人天天在一起。他们互相将自己的妻子、儿女、家庭和工作情况告诉了对方，也常常谈起自己的当兵生涯、假日旅游等等。此外，靠窗的那个病人每天下午坐起时，还会把他在窗外所见到的情景一一描述给同伴听，借以消磨时光。

　　就这样，每天下午的这一小时，就成了躺在床上那个病人的生活目标。他的整个世界都随着窗外那些绚丽多彩的活动而扩大和生动起来。他的朋友对他说：窗外是一座公园，园中有一泓清澈的湖水，水上嬉戏着鸭子和天鹅，还穿行着孩子们的玩具船；情侣们手挽手地在湖边的花丛中漫步，巨大的老树摇曳生姿，远处则是城市美丽的轮廓……随着这娓娓动听的描述，他常常闭目神游于窗外的美妙景色之中。

一天下午，天气和煦。靠窗的那个病人说，外面正走过一支娶亲队伍。尽管他的同伴并没有听到乐队的吹打声，但他的心灵却能够从那生动的描绘中看到一切。这时，他的脑海中突然冒出了一个从未有过的想法：为什么他能看到这一切、享受这一切，而我却什么也看不见？好像不公平嘛！这个念头刚刚出现时，他心里不无愧疚。然而日复一日，他依然什么也看不见，这心头的妒嫉就渐渐变成了愤恨。于是他的情绪越来越坏了，他抑郁烦闷，夜不能寐。他理当睡到窗户旁去啊！这个念头现在主宰着他生活中的一切。

一天深夜，当他躺在床上睁眼看着天花板时，靠窗的那个病人猛然咳嗽不止，听得出，肺部积液已使他感到呼吸困难。当他在昏暗的灯光下吃力挣扎着想按下呼救按钮时，他的同伴在一边的床上注视着，谛听着，但却一动也不动，甚至没有按下身旁的按钮替他喊来医生，病房里只有沉寂——死亡的沉寂。

翌日清晨，日班护士走进病房时，发现靠窗的那个病人已经死去。护士感到一阵难过，但随即便唤来杂役将尸体搬走——既不费事，也无须哭泣。当一切恢复正常以后，剩下的那个病人说，他希望能够移到靠窗的床上。护士自然替他换了床位。把病人安置好以后，护士就转身出去了。

这时，病房里只有他一个人。他吃力地、缓缓地支起上身，希望一睹窗外的景色——他马上就可以享受到窗外的一切景色了，他早就盼望这一时刻的到来了！他吃力地、缓缓地转动着上身向窗外望去……

伍：扩充心的容积，别让怨恨成为包袱

窗外，只有一堵遮断视线的高墙……

对美好生活的向往支持着与病魔抗争的坚强信念，靠窗的病人一直在诉说着一个美丽的谎言，支持病友也支持自己。然而，人性的天敌——嫉妒毁掉了这个美丽的谎言，也毁掉了这两个病人。

"若人善巧解战斗，独自伏得百万人。今若能伏自己心，是名世间真斗士。"意在告诫世人，世界上最成功的将领，不是打败百万敌军的将军，而是调伏自己内在邪见恶念的魔军的圣贤。然而，说起来容易，做起来困难，我们心中的恶魔往往会在无形中占据主控地位，让我们自卑、让我们狭隘、让我们憎恨、让我们嫉妒、让我们痛苦，这心中的魔障不除，我们就永远也无法获得人格的升华以及人生的进步。

嫉妒，会使我们失去灵魂，走在人间路上，没有支柱，寸步难行。

在现实生活中，我们难免要被人超越，因为任何人都不可能具备所有的智能。我们要坦然接受自己的不完美，当有人在某一方面超过我们时，我们应该去欣赏，而不是嫉妒。因为欣赏会激发我们内心的斗志，令我们将对方当作追赶目标，从而不断提升、不断进步，这才是人生的精彩。

幸福箴言

若在竹篓中放一只螃蟹，为防止它逃跑，需盖住篓口。若在竹篓中放两只以上，则不必防范，因为只要其中一只螃蟹爬到竹篓口，其它螃蟹便会极力将其往下拖，它们谁也出不去！而人有时又何尝不像这螃蟹？人生在世，需持一颗平常心，不要因为嫉妒而相互残害，这样才能拥有幸福的人生。

学会为对手喝彩

"永远不要憎恨你的敌人,因为那会使你丧失理智。"为对手喝彩,更显豁达,而总是和别人过不去的人,其实就是和自己过不去。

一直以来,在国人的意识中,欣赏、喝彩永远是送给亲人、朋友或是英雄的,我们身边的人很少、几乎是没有人,能够为对手发出由衷的赞叹。当然,这似乎也在情理之中,因为能够做到如此大度的人毕竟只是少数。但是,如果你做到了,你就一定会赢得众人的尊重,你的人格亦会随之进入一个更高的层次。懂得欣赏,成就别人,也就成就了你自己。

当年乔丹在公牛队时,年轻的皮蓬是队里最有希望超越他的新秀。年轻气盛的皮蓬有着极强的好胜心,对于乔丹这位领先于自己的前辈,他常常流露出一种不屑的神情,还经常对别人说乔丹哪里不如自己,自己一定会把乔丹击败一类的话。但乔丹没有把皮蓬当作潜在的威胁而排挤他,反而对皮蓬处处加以鼓励。

有一次,乔丹对皮蓬说:"你觉得咱俩的三分球谁投得好?"

皮蓬不明白他的意思,就说:"你明知故问什么,当然是你。"

因为那时乔丹的三分球成功率是28.6%,而皮蓬是26.4%。但乔丹微笑着纠正:"不,是你!你投三分球的动作规范、流畅,很有天赋,以后一定会投得更好。而我投三分球还有很多弱点,你看,我扣篮多用右手,而且要习惯地用左手帮一下。可是你左右手都行。

伍:扩充心的容积,别让怨恨成为包袱

所以你的进步空间比我更大。"

这一细节连皮蓬自己都不知道。他被乔丹的大度给感动了，渐渐改变了自己对乔丹的看法。虽然仍然把乔丹当作竞争对手，但是更多的是抱着一种学习的态度去尊重他。

一年后的一场 NBA 决赛中，皮蓬独得 33 分（超过乔丹 3 分），成为公牛队中比赛得分首次超过乔丹的球员。比赛结束后，乔丹与皮蓬紧紧拥抱着，两人泪光闪闪。

而乔丹这种"甘为竞争对手喝彩"的无私品质，则为公牛队注入了难以击破的凝聚力，从而使公牛王朝创造了一个又一个神话。

对手，是你前进的动力；是你懈怠之时激你奋进的良朋；是你成功之时，令你不敢忘形、虚心前进的警钟。所以，你应该感谢对手，更应该学会欣赏对手的长处，懂得为对手去喝彩。

纵览古今中外，有多少人因为"没有对手"，进而狂妄自大、不思进取，最终被湮没在历史的尘流之中！西楚霸王项羽，力拔山、气盖世，统众诸侯，俾睨天下，莫与争锋，终因不听谋士言，小觑刘邦，落得个乌江自刎的下场；世界重量级拳王泰森，职业生涯击败过无数对手，却为鲜花和掌声所麻痹，最终身陷囹圄。他们的失败，只能说是败给了自己，因为在他们眼中，已然再没有对手。

所以，请不要痛恨、嫉妒你的对手，因为没有对手，你将极易在狂妄中迷失，在自满中堕落。退一步说，倘若没有对手，你的成功又有什么值得炫耀？它还会令你如此兴奋吗？

一个能够衷心为对手喝彩的人，必然有着寻常人难以企及的平常心，能够看淡自己的成败得失，由此才能正视对手的长处及成功，并从内心深处荡起一股真诚的赞叹。这——不正是千百年来人们一直追求的人生臻境吗？然而，却有很多人抱持着一颗世俗的心，一次次地与这臻境错过。

事实上，在现实生活中，很多人往往习惯于将自己的失败归咎于对手。可是败了就是败了，我们为何还要让嫉妒在心中滋生？为何不能正视自己的失败，转而由衷地为对手喝一声彩呢？

对手于我们而言，是风、是雨，虽然会带给我们些许痛苦，但风雨过后，多是绚丽的彩虹！对手于我们而言，是敌、是师、亦是友，没有他，就没有你的彩虹！因为是对手成就了你的另一只手，即你成功的援助之手！所以，请为你的对手喝彩，即便只是一个拥抱、一次握手、一段言语、一个眼神……相信都会给你带来另一种光彩。

幸福箴言

无论学业还是事业，若希望有所成就，"良师益友"都是必不可少的助力。然而，假若怀有嫉妒之心，"良师益友"站在面前亦会视而不见，心中只有"刺"，眼中只有"钉"；若能放开心胸、摒除嫉妒心理，则人人皆可为"良师益友"。

仇恨是埋在心中的火种

忘记仇恨，解脱便在当下。忘记仇恨，不计前嫌。一切便都释然了。

学会忘记、学会放下、学会宽恕别人，于我们而言是一种解脱。唯有懂得宽恕、学会放下，才能够以更好的姿态继续以后的生活。

倘若一心念着别人对自己的伤害，心灵就会被仇恨所驾驭，受伤害的终究还是我们自己。

仇恨就是埋在我们心中的火种，如果不设法将其熄灭，必然会烧伤自己。有时候，即便自己已经灼烧成灰，对方却依然毫发无伤。仇恨常常左右人们的理智，使人们对复杂多变的形势做出错误的分析和判断。因此有人说，一个被仇恨左右的人一定是不成熟的人。因为聪明的人一定会懂得在选择、判断时，摒除外界因素的干扰，采取理智的做法。

三国时，曹操历经艰险，在平定了青州黄巾军后，实力增加，声势大振，有了一块稳定的根据地，于是他派人去接自己的父亲曹嵩。曹嵩带着一家老小四十余人途经徐州时，徐州太守陶谦出于一片好心，同时也想借此机会结交曹操，便亲自出境迎接曹嵩一家，并大设宴席热情招待，连续两日。一般来说，事情办到这种地步就比较到位了，但陶谦还嫌不够，他还要派500士卒护送曹嵩一家。这样一来，好心却办了坏事。护送的这批人原本是黄巾余党，他们只是勉强归顺了陶谦，而陶谦并未给他们任何好处。如今他们看见曹家装载财宝的车辆无数，便起了歹心，半夜杀了曹嵩一家，抢光了所有财产跑掉了。曹操听说之后，咬牙切齿道："陶谦放纵士兵杀死我父亲，此仇不共戴天！我要尽起大军，血洗徐州。"

随后，曹操亲统大军，浩浩荡荡杀向徐州，所过之处无论男女老少，鸡犬不留。吓得陶谦几欲自裁，以谢罪曹公，以救黎民于水火。然而，事情却突然发生了骤变，吕布率兵攻破了兖州，占领了濮阳。怎么办？这边父仇未报，那边又起战事！如果曹操此时被复仇的想法所左右，那么，他一定看不出事情的发展趋势，也察觉不出情况的危急。但曹操毕竟是曹操，他是一个十分冷静沉着的人，也是一个非常会控制自己情绪的人。正因如此，他立刻分析出了情况的严重性——"兖州失去了,就等于断了我们的归路,不可不早做打算。"于是,曹操便放弃了复仇的计划,拔寨退兵,去收复兖州了。

同是三国枭雄,反观刘备,只因义弟关羽死于东吴之手,便不顾诸葛亮、赵云等人的劝阻,一意孤行,杀向东吴。最终仇未得报,又被陆逊一把火烧了七百里连营,自感无颜再见蜀中众臣,郁郁死于白帝城,从此西蜀一蹶不振。

曹操与刘备谁的仇更大?显然是曹操,曹操死了一家老小四十余人,而刘备只死了义弟关羽一人。但曹操显然要比刘备冷静得多,他面对骤变的局势,思维、判断没有受到复仇心态的任何影响,所以他才能够摆脱这次危机,保住了自己的地盘和势力。

由此可见,理易清,仇则易乱。我们做人,若说尽去七情,洗净六欲,显然是不现实的,但放宽情怀,尽量避免为情绪所控制则并不是什么难事。

我们淡忘仇恨,同时也是解脱了自己,与其因为愤恨而耗尽自己一生的精力,时时记着那些伤害你的人和事,被回忆和仇恨所折磨,还不如淡忘它们,把自己的心灵从禁锢中解脱出来。遇事但凡有这个念头在,你的人生势必会少为烦恼所牵绊,你的心灵自然会智慧、轻松许多。

你要记住,你是思想的主人,而不是它的奴隶。你有能力控制自己的思想,所以你要运用这种能力来忘记一个人以及他对你造成的伤害。如果你忘不了,就是放不下他,他便占据了你的思想。所以忘记仇恨,这是一个明智的做法。如果你还没有学会遗忘,你就应该要求自己,甚至是强迫自己,不去仇恨别人。

幸福箴言

世人都有一个个待解的心结，你我应知：尊重别人即是尊重自己，原谅别人即是善待自己。天下人皆应放下自己的仇恨，用一双慧眼、一颗澄明的心，化敌为友、变丑为美、除恶取善、化苦得乐！

以宽恕、谅解的心看世界

对于他人的恶意，只要不是原则性的大事，我们与其与之针锋相对，莫不如学会隐忍。须知，世事到头终有报，再过几载，你便可见"忍"与"逞"的区别。

世上有许多灾祸、矛盾的起因可能都是些微不足道的小事，只因彼此针锋相对，谁也不肯吃亏，才会将问题升级，演变得不可收拾。这其中因口角之争而引发无穷祸患的例子不在少数。如果此时可以退让一步，其实是可以将祸患化于无形的。

唐开元年间有位梦窗禅师，他德高望重，既是有名的禅师，也是当朝国师。

有一次梦窗禅师搭船渡河，渡船刚要离岸，远处走来一位骑马佩刀的武士，大声喊道："等一等，等一等，载我过河。"他一边说一边把马拴在岸边，拿着马鞭朝水边走过来。

船上的人纷纷说："船已离岸，不能回头了，干脆让他等下一回吧。"船夫也大声回答他："请等下一回吧。"武士急得在岸边团团转。

坐在船头的梦窗禅师对船夫说："船家，这船离岸还没多远，你就行个方便，掉过船头载他过河吧。"船夫见梦窗禅师是位气度不凡的出家人，便听从他的话，把船驶了回去，让那位武士上了船。

武士上船后就四处寻找座位，无奈座位都满了，这时他看到了坐在船头的梦窗禅师，便拿马鞭抽打他，嘴里还粗野地骂道："老和尚，走开点！把座位让给我！难道你没看见本大爷上船？"这一鞭正好打在梦窗禅师的头上，鲜血顺着脸颊汩汩地流了下来，梦窗禅师一言不发地起身把座位让给了蛮横的武士。

这一切被船上的乘客们看在眼里，大家既害怕武士的蛮横，又为禅师的遭遇抱不平，就窃窃私语：这个武士真是忘恩负义，要不是禅师请求，他能搭上船吗？现在他居然还抢禅师的位子，还动手打人，真是太不像话了。武士从大家的议论中明白了事情的缘由，心里十分惭愧，可是又拉不下面子去认错。

等船到了对岸，大家都下了船。梦窗禅师默默地走到水边，用水洗掉了脸上的血污。

那位武士再也忍受不了良心的谴责，上前跪在禅师面前忏悔道："禅师，我错了。对不起。"禅师心平气和地说："不要紧，出门在外难免心情不好。"

很多时候我们发脾气、与别人发生冲突，都只是因为一念之差。如果当时能把火气压制住，让自己头脑冷静一下，或许就不会产生纠纷了。但遗憾的是，人们往往因为惯有的习气而不能宽容别人，结果造成了许多不必要的麻烦

生活中别人不怀好意的侮辱，也可能是出于误解，如果我们不肯忍耐，非要计较个一清二白，那或许反而会把事情弄得更糟。须

知，隔阂一旦形成，就很难再消除，所以对于那些无谓的琐事，我们不妨糊涂"一些"，权当不知，这样于你、于他而言，都可以说是一件幸事。

其实，即使一个非常宽容的人，也往往很难容忍别人对自己的恶意诽谤和致命的伤害。但唯有以德报怨，把伤害留给自己，才能赢得一个充满温馨的世界。释迦牟尼说："以恨对恨，恨永远存在；以爱对恨，恨自然消失。"

面对那些无意的伤害，宽容对方会让对方觉得你心胸博大，可以消除无心人对你造成伤害后的紧张，可以很快愈合你们之间不愉快的创伤。而面对那些故意的伤害，你博大的心胸会让对方无地自容，因为宽容对方则体现出的是一种境界。宽容是对怀有恶意者最有效的回击，不管别人有意还是无意伤害了你，其实他的内心也会感到不安和内疚，或许是因为碍于所谓的"面子"而不肯认错，而你的宽容就会使彼此获得更多的理解、认同和信任。自己也有犯错的时候，并会因为犯错觉得担心，不知所措，希望对方能原谅自己，同时也会对自己的缺点忐忑，不希望被别人看不起。所以就要站在对方的角度考虑，当自己遇到不原谅别人错误的人会怎么想。

事事计较是不会有什么结果的，已经发生了的事情不会有任何改变，也不能扭转任何已经发生了的事情。以宽容的态度待人，以理解作为基础，站在客观的角度给人评价，可以从别人身上学到自己所没有的长处和优点，也能使自己对对方的不足给予善意的充分理解。在日常生活中，时不时都会有如何要求别人的时候，还有如何对待自己的问题。能否把握好一个律己和待人的态度，不仅能充分反映出一个人的修养，还能培养与人之间的良好关系。

幸福箴言

你若能说服自己从心里去接受伤害过自己的人，也就不难从行动上去改变他们。一颗宽容、忍让的心能感化任何人、任何物，只要你付出的是一颗真心，便可转恶为善。当我们心生恨意时，请尽量平心静气，换一种心态，用宽恕、谅解的心去面对。

主动与人修好

真正的饶恕，不是我不与你计较，而是主动与人修好。

"常行于慈心，除去恚害想。"意在告诉世人：做人，一定要保持一颗慈爱的心，除去那些怨恨别人的想法。因为憎恨别人对自己是一种很大的损失。恶语永远不要出自我们的口中，不管他有多坏，有多恶。你骂他，你的心就被污染了，你要想，他就是你的善知识。虽然我们不能改变周遭的世界，我们就只好改变自己，用慈悲心和智慧心来面对这一切。拥有一颗无私的爱心，便拥有了一切。根本不必回头去看咒骂你的人是谁？

一只脚踩扁了紫罗兰，它却把香味留在那脚上，这就是宽恕。

可是，我们常在自己的脑海里预设了一些规定，认为别人应该有什么样的行为。如果对方违反规定，就会引起我们的怨恨。其实，因为别人对"我们"的规定置之不理，就感到怨恨，不是很可笑吗？

大多数人一直以为，只要我们不原谅对方，就可以让对方得到一些教训。也就是说："只要我不原谅你，你就没有好日子过。"其实，倒霉的人是我们自己：一肚子窝囊气，甚至连觉也睡不好。如果当你觉得怨恨一个人时，请先闭上眼睛，体会一下自己的感觉，感受一下自己身体反应，你就会发现：让别人自觉有罪，你也不会快乐。

一个人爱怎么做就怎么做，能明白什么道理就明白什么道理。你要不要让他感到愧疚，对他差别不大，但是却会破坏你的生活。假如鸟儿在你的头上排泄，你会痛恨鸟儿吗？万事不由人，台风带来暴雨，你家地下室变成一片沼国，你能说"我永远也不原谅天气"吗？既然如此，又何必要怨恨别人呢？我们没有权利去控制鸟儿和风雨，也同样无权控制他人。所有对别人的埋怨、责备都是人类自己造出来的。

即使遭逢剧变所引起的怨恨，在人性中也依然可以释怀。因为如果你希望自己好好活下去，就得抛开愤怒，原谅对方。

曼德拉因为领导反对白人种族隔离的政策而入狱，白人统治者把他关在荒凉的大西洋小岛罗本岛上27年。当时曼德拉年事已高，但看守他的狱警依然像对待年轻犯人一样对他进行残酷的虐待。

罗本岛上布满岩石，到处是海豹、蛇和其他动物。曼德拉被关在总集中营一个锌皮房，白天打石头，将采石场的大石块碎成石料。他有时要下到冰冷的海水里捞海带，有时干采石灰的活儿——每天早晨排队到采石场，然后被解开脚镣，在一个很大的石灰石场里，用尖镐和铁锹挖石灰石。因为曼德拉是要犯，看管他的看守就有3人。他们对他并不友好，总是寻找各种理由虐待他。

谁也没有想到，1991年曼德拉出狱当选总统以后，他在就职典礼上的一个举动震惊了整个世界。

总统就职仪式开始后，曼德拉起身致辞，欢迎来宾。他依次介绍了来自世界各国的政要，然后他说，能接待这么多尊贵的客人，他深感荣幸，但他最高兴的是，当初在罗本岛监狱看守他的3名狱警也能到场。随即他邀请他们起身，并把他们介绍给大家。

曼德拉的博大胸襟和宽容精神，令那些残酷虐待了他27年的白人汗颜，也让所有到场的人肃然起敬。看着年迈的曼德拉缓缓站起，恭敬地向3个曾关押他的看守致敬，在场的所有来宾以致整个世界，都静下来了。

后来，曼德拉向朋友们解释说，自己年轻时性子很急，脾气暴躁，正是狱中生活使他学会了控制情绪，因此才活了下来。牢狱岁月给了他时间与激励，也使他学会了如何处理自己遭遇的痛苦。

他说："当我迈过通往自由的监狱大门时，我已经清楚，自己若不能把悲痛与怨恨留在身后，那么我其实仍在狱中。"

人是群居性生物，因此，谁都不可能孤立地生活在这个世界上。在生活中，我们很难避免不与他人发生摩擦，或者是不愉快的冲突，尤其是当你感受到自己遭遇到不公平的待遇的时候，你是否会对他人产生敌意呢？你是否会因此而在心里对他人怀有怨恨之心呢？

首先可以肯定地说，当你受到了真正的不公平待遇时，你完全有理由怨恨他人，因为你是真的受了委屈。可是，请你冷静想一想，当你怨恨他人时，你从中又得到了什么呢？事实上，你所得到的只能是比对方更深的伤害。

你的怨恨对他人不起任何作用，反而会因内心怨恨影响自身健康，因为你的怨愤态度使你产生了消极情绪，这种消极情绪对你的健康和性情都会产生很大的负效应，从而对你造成伤害。更为严重的是，你总是想着自己受到了不公平的待遇，总是因此而极不愉快，从而也会招致更多的不愉快。

想想看，你是不是应该改变自己的态度呢？你要知道，我们所受到的不公，仅仅是因为我们的心里有所欲求。如果我们不看重自己心理上的这份欲求，或者把这份欲求看得很淡，那么不公又从何而起呢？

当然，除非有特殊的原因，你不必与那些与你之间存在着嫌隙的人表现友好，但是，如果你不愿意原谅和学会遗忘，那么你也就成了真正的受害者。这样一来，你对他人的怨愤也就会因此而升级，你自己所受到的伤害也同样会由此而升级。

事实上，忘记你所受到的不公，忘记对他人的怨愤，最终最大的受益者是你自己。当你忘记了怨愤，学会了遗忘和原谅，你就会发现，原来你所认为的那些所谓的不公，其实根本不值一提，因为它们在你的一生之中，是那么的微不足道。而你也同时会认识到，抛开对他人的怨愤之心，你所获得的快乐是你这一生都享受不尽的。

幸福箴言

世人常如此：当伤害不能弥合时，就会用感性方式来实现——怨恨，然而，所有外在的怨恨都会被反弹而伤及自己，所有内在的怨恨都会伤及别人。谅解则恰恰相反，一位哲人说过："谅解犹如火把，能照亮由焦躁、怨恨和复仇心理铺就的道路。谅解可以挽回感情上的损失，谅解可以产生人生的奇迹！"

心有多大，你的世界就有多大

忍常人所不能忍，容常人所不能容，则可处常人所不能处。人活于世，唯有心胸开阔，才可容纳万物；唯有忠厚仁义，才可昂然而立。

"心包太虚"，说的是只要心能包容，便可以拥有大千世界。相反，倘若心不能容，排斥越多，则失去越多。人之心胸若可包容一个家庭，便是一家之主；若可包容一座城，便可成为一城之主；若可包容一个国家，便可成为一国之主。

在大自然中，天空可以收容每一片云彩，无论其是美是丑，所以天空辽阔无边；泰山能容纳每一块石砾，不论其大小，所以泰山一览众山小；沧海不择细流，故而能就其深。

有这样一幅楹联：满腔欢喜，笑看古今天下愁；大肚能容，了却人间多少事。没错，它说的就是弥勒佛，见过弥勒佛的人，往往都会陶醉于弥勒菩萨无与伦比的朗笑，更羡慕他的超级大肚子，但又有几人能够参透其中的禅意呢？

弥勒菩萨容人所不能容，容尽天下苍生，这是何等伟大的胸怀！这才是宽容的真谛，更是一种令人感动的仁爱。亦如法国作家雨果所说——"世界上最宽广的是海洋，比海洋更宽广的是天空，比天空更宽广的是人的胸怀。"我们或许无法做到那般博怀，但至少我们可以为自己的心灵创设一种大格局，忍人所不能忍，容人所不能容，若如此，则我们必能处人所不能处。

大肚弥勒佛之所以深得人心，并且常葆快乐，就在于他心量广大，能容天下难容之事。那么在现实生活中，我们能否真正找到心量广大的普通人呢？能。

在河南省方城县，11年前，打工汉孔某沉浸在喜得千金的兴奋中时，妻子张某却告诉了他一个残酷的事实：这个新生命是她和别人的孩子！经过一番痛苦挣扎，孔某最终宽容了妻子，并将孩子视为己出。然而，11年后，这个孩子却患了白血病，生命告急！孔某能够做出惊人之举、允许妻子再次怀上旧情人的孩子用脐血干细胞挽救第一个孩子的生命吗？一方面是有悖传统道德的"奇耻大辱"，一方面是对十一岁花季少女生命的无私拯救，孔某一颗平常而博大

伍：扩充心的容积，别让怨恨成为包袱

的心，被亲情和伦理这两条绳索揪紧了……

2003年4月10日上午，并非孔某亲生女儿的小华（化名）在学校突然晕倒，到医院诊病，结果确诊小华患的是要命的淋巴性白血病。

医生对孔某夫妇说，要想治好小华的病，需要张某再生个孩子，用新生儿的脐血挽救小华。这就意味着张某必须与旧情人任炎再生一个孩子，这怎么可能呢？妻子张某痛苦地低下了头，孔某更是痛苦万分：本来小华就不是自己的骨肉，怎么能再要一个又不是自己骨肉的孩子呢？

经过反复思考，孔某做出了一个令人难以置信的决定：让张某与任炎再生一个孩子救小华！然而，这个决定遭到了张某的坚决反对："这十多年来，我们早就没有任何来往，况且双方都已有家室，你让我怎么跟他讲？再说，我至死都不想让任炎知道小华是他的亲生女儿，我更不能再做对不起你的事啊！"

"生命高于一切。为了小华的生命，请你好好考虑考虑吧！"孔某诚恳地对张某说。张某又何尝不想救女儿呢？只是她万分珍惜与孔某的感情，实在不愿让这份感情再受到任何玷污了。

考虑了三天，张某觉得自己无论如何都不可能再和任炎有什么瓜葛。如果能用其他的方法与任炎再生一个孩子，倒还可以考虑。与孔某商量后，夫妇俩坦率地把自己的隐私对大夫讲明了，大夫说："你们可以采用人工授精的方法怀孕，这样也能使孩子获救。"

2004年春节前夕，孔某找到并说服了任炎，使任炎答应献出精子。

2004年3月医生为张某做了特殊的人工授精手术。手术做得很顺利，一个多月以后，张某就怀孕了。看着妈妈渐渐隆起的肚皮，小华知道新的小生命与自己的生命紧紧相系，久违的笑容，再一次回到了她的脸上。

2005年1月5日，张某在县妇幼保健院顺利产下一个女婴。生产以后，孔某当即带上装在保温箱里的一段脐带，到省人民医院做配型化验。1月11日，从郑州传来喜讯，配型成功！2月7日，张某刚刚坐完月子，孔某和她就带着两个女儿到医院，找到了大夫，大夫马上安排孩子住院。观察七天后，为小华做了亲体配型脐血干细胞移植手术。手术进行了两个半小时，非常成功。住院观察期间，小华未出现大的排异反应，于3月11日痊愈出院。小华稚嫩的生命，终于又重新扬起了希望的风帆。

显然，孔某就这样承受了有悖传统伦理的"奇耻大辱"，奉献了拯救孩子生命的大爱！尽管他因此陷入了难言的尴尬和隐痛，但他的人生却因此显现了人性的光芒，令人肃然起敬。即便人们知道了其中的隐情，谁还能忍心讥讽他？因为任何人都难以做到。所以，能做到的人才最值得别人去尊敬和赞美。

古今中外，凡能成大事者，无不具有一种优秀品质——忍人所不能忍，容人所不能容，善于求大同存小异。这些人胸襟豁达，不拘小节，处世从大处着眼而不是鼠目寸光，得饶人处便饶人而不是斤斤计较，绝不纠缠于无关痛痒的俗务琐事。于是他们群伦应从，齐家、治国、平天下，成为不平凡的人。

不过，要真正做到不计较、可容人也并非易事，这需要有良好的修养、善解人意的思维，需要设身处地地站在对方的角度上考虑问题，对一般人而言，委实有些困难。但只要你做到了，哪怕不是那么尽善尽美，你的生活中便会逐渐多出一些美好、多出一些和谐。

从另一方面说，别人对你的触犯，某种程度上是发泄和转嫁自己的痛苦，当然，我们没有义务分摊他的痛苦，但无形中也是帮助了他，这实在亦是善事一件。这样想，或许你就释怀了，也就能容纳了。

幸福箴言

你若能容下这个世界，这个世界也能容下你。你不用心挤兑这个世界，这个世界也不会挤兑你的心。这个世界是宽广的，你的心跟它一样宽广，你肯定会"量大福大"——至少你的心灵会是幸福的。

陆
蠲除名利负累，欲望不能滋生无度

人若终日背负名利之心，试问何处盛装快乐？若整日尔虞我诈，试问快乐从何而言？若患得患失，阴霾不开，试问快乐又在哪里？若心胸狭隘，不懂释然，试问快乐何处寻找？一个人赤条条地到这世界来，最后赤条条地离开这个世界而去，细想来，名利都是身外物，遇事只要尽心去做，不苛求所得，便很容易得到快乐。

淡化利欲心，生活更自在

生活中，不知不觉，我们的欲望越来越多……诚然，名利之心人皆有之，但在这个物质的时代，我们若想获得多一些的自在，最好能够淡化自己的利欲之心，唯有如此，才能将自己置身于一个宁静平和的世界中。

孟子有一句话："养心莫善于寡欲"，是说希望心能够正，欲望越少越好。他还说："其为人也寡欲，虽不存焉者，寡矣；其为人也多欲，虽有存焉者，寡矣。"欲少则仁心存，欲多则仁心亡，说明了欲与仁之间的关系。

自古仕途多变动，所以古人以为身在官场的纷纭中，要有时刻淡化利欲之心的心理。利欲之心人固有之，甚至生亦我所欲，所欲有甚于生者，这当然是正常的，问题是要能进行自控，不把一切看得太重，到了接近极限的时候，要能把握得准，跳得出这个圈子，不为利欲之争而舍弃了一切。

怎么才能使自己的欲望趋淡呢？"仕途虽纷华，要常思泉下的况景，则利欲之心自淡"。常以世事世物自喻自说则可贯通得失。比如，看到深山中参天的古木不遭斧斫，葱茏蓬勃，究其原因是它们不为世人所知所赏，自是悠闲岁月，福泽年长；看到天际的彩云绚丽万状，可是一旦阳光淡去，满天的绯红嫣紫，瞬时成了几抹淡云，古人就会得出结论道："常疑好事皆虚事。"自汉魏以降，高官名宦，无不以通佛味解佛心为风雅，可以在失势时自我平衡，自我解脱。

人生在世，除了生存的欲望以外，还有各种各样的欲望，自我实现就是其中之一。欲望在一定程度上是促进社会发展的动力，可是，欲望是无止境的，欲望太强烈，就会造成痛苦和不幸，这种例子不胜枚举。因此，人应该尽力克制自己过高的欲望，培养清心寡欲，知足常乐的生活态度。

《菜根谭》中主张："爵位不宜太盛，太盛则危；能事不宜尽华，尽华则衰；行谊不宜过高，过高则谤兴而毁来。"意即官爵不必达到登峰造极的地步，否则就容易陷入危险的境地；自己得意之事也不可过度，否则就会转为衰颓；言行不要过于高洁，否则就会招来诽谤或攻击。

同理，在追求快乐的时候，也不要忘记"乐极生悲"这句话，适可而止，才能掌握真正的快乐。大凡美味佳肴吃多了就如同吃药一样，只要吃一半就够了；令人愉快的事追求太过则会成为败身丧德的媒介，能够控制一半才是恰到好处。

所谓"花看半开，酒饮微醉，此中大有佳趣。若至烂漫酩酊，便成恶境矣。履盈满者，宜思之"。意即赏花的最佳时刻是含苞待放之时，喝酒则是在半醉时的感觉最佳。凡事只达七八分处才有佳趣产生。正如酒止微醺，花看半开，则瞻前大有希望，顾后也没断绝生机。如此自能悠久长存于天地之中。

又如："宾朋云集，剧饮淋漓乐矣，俄而漏尽烛残，香销茗冷，不觉反而呕咽，令人索然无味。天下事率类此，奈何不早回头也。"痛饮狂欢固然快乐，但是等到曲终人散，夜深烛残的时候，面对杯盘狼藉必然会兴尽悲来，感到人生索然无味。天下事莫不如此，为什么不及早醒悟呢？

常常看到有些人为了谋到一官半职，请客送礼，煞费苦心地找关系、托门路、机关用尽，而结果还往往与愿相违；还有些人因未能得到重用，就牢骚满腹，借酒浇愁，甚至做些对自己不负责任的事情。凡此种种，真是太不值得了！他们这样做都是因为太看重名利，甚至把自己的身家性命都压在了上面。其实生命的乐趣很多，何必那么关注功名利禄这些身外之物呢？少点欲望，多点情趣，人生会更有意义。更何况该是你的跑不掉，不该是你的争也白搭。

古人云：求名之心过盛必作伪，利欲之心过剩则偏执。面对名利之风渐盛的社会，面对物质压迫精神的现状，能够做到视名利如粪土，视物质为赘物，在简单、朴素中体验心灵的丰盈、充实，才能将自己始终置身于一种平和、淡定的境界之中。

一个欧洲观光团来到非洲一个叫亚米亚尼的原始部落。部落里有位老者，穿着白袍，盘着腿安静地在一棵菩提树下做草编。草编非常精致，它吸引了一位法国商人。他想：要是将这些草编运到法国，巴黎的妇人戴着这种草编的小圆帽，挎着这种草编的花篮，将是多么时尚、多么风情啊！想到这里，商人激动地问："这些草编多少钱一件？"

"10比索。"老者微笑着回答道。

天哪！这会让我发大财的。商人欣喜若狂。

"假如我买10万顶草帽和10万个草篮，那你打算每一件优惠多少钱？"

"那样的话，就得要20比索一件。"

"什么？"商人简直不敢相信自己的耳朵！他几乎大喊着问："为什么？"

"为什么？"老者也生气了"做10万件一模一样的草帽和10万个一模一样的草篮，它会让我乏味死的！"

在追逐欲望的过程中，许多现代人忘了生命中除却金钱之外的许多东西。或许，那位"荒诞"的亚米亚尼老者才是真正参悟了人生的真谛。

幸福箴言

心中的贪欲常使我们受到束缚，令我们不舍放开握有"坚果"的手，其实只要我们放下无谓的坚持，就可以活得逍遥自在。

别把自己当成赚钱的机器

任何时候我们都不可远离生活中的真善美，不能被金钱所奴役，必须保持一颗不被铜臭所玷污的心，这样才能永远与快乐同行。否则，对金钱和财富的欲望会让我们堕入痛苦的深渊。

自以为拥有财富的人，其实是被财富所拥有。金钱不是罪恶的根源，但如果金钱让人白天吃不香，夜里睡不着，那它就已经成为戕害你的刽子手。偏偏对许多人来说，金钱不管拥有多少，总觉得还是不够，这就是过于贪婪了，太不值得了。

所以，我们要做金钱的主人，不要被金钱所奴役！换句话说，就是不要被金钱束缚。钱只有在使用时，才会产生它的价值，假如放着不用，就根本毫无意义。一个人一旦钻进钱眼里，就是把自己送进了陷阱。人生需要金钱，更需要快乐，有了金钱也许会有更多的快乐，但用快乐去换取金钱可能就不值得了。生活中除了金钱还有其他更有意义的事情，不要一心想着钱，有时候金钱也是有毒的。如果把钱财看得太重，结果往往是对自己无益的。最终金钱不但不是为自己服务，自己反而被金钱所奴役。

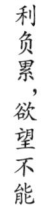

陆：剪除名利负累，欲望不能滋生无度

很久以前有一个财主，生意做得特别大，每日算计、操心，有很多烦恼。挨着他家的高墙外面，住了一户很穷的人家，夫妻俩以做烧饼为生，却有说有笑，幸福美满。

财主的太太心生嫉妒，说道："我们还不如隔壁卖烧饼的两口子，他们尽管穷，却活得非常快乐。"财主听了，便说："这个很容易，我让他们明天就笑不出来。"于是，他拿了一锭五十两重的金元宝，从墙上扔了过去。那夫妻俩发现地上不明不白地放着一个金元宝，心情立即大变。

第二天，夫妻俩商议，如今发财了，不想再卖烧饼了，那干点什么好呢？一下子发财了，又担心被别人误认为是偷来的。夫妻俩商量了三天三夜，还是找不到最好的办法，觉也睡不安稳，当然也就听不到他们的说笑声了。

财主对他的太太说："看！他们不说笑了吧？办法就是这么简单。"

"金钱永远只能是金钱，而不是快乐，更不是幸福。"这是希尔的一句名言。假如一个人只盯着金钱，那么它很容易就会掉进金钱的陷阱里。我们都要小心控制自己对金钱的欲望，在生活中，没有钱什么事情也不好办，但是如果有了钱而不去合理地花销，也是一文不值。

像上文中的那对夫妻，在庆幸得到金子的同时，却失去了生活中原有的快乐，岂不是得不偿失?！由此我们说，真正的快乐与金钱无关！其实，对于真正享受生活的人来说，任何不需要的东西都是多余的，他们不会让自己去背负这样一个沉重的包袱。人如果想活得健康一点儿、自在一点儿，任何多余的东西都必须舍弃。金钱对某些人来说，可能很重要，但对某些人来说，一点也不重要。不要做金钱的奴隶，金钱不是万能的，它不能买到世间的一切。

要知道，幸福和快乐原本是精神的产物，期待通过增加物质财富而获得它们，岂不是缘木求鱼？当我们为了拥有一辆漂亮小汽车、一幢豪华别墅而加班加点地拼命工作，每天半夜三更才拖着疲惫的身体回到家里；为了涨一次工资，不得不默默忍受上司苛刻的指责，日复一日地赔尽笑脸；为了签更多的合同，年复一年日复一日地戴上面具，强颜欢笑……以至于最后回到家里的是一个孤独苍白的自己，长此以往，终将不胜负荷，最后悲怆地倒在医院病床上的，一定是一个百病缠身的自己。此时此刻，我们应该问问自己：金钱真的那么重要吗？有些人的钱只有两样用途：壮年时用来买饭吃，暮年时用来买药吃。

所以说，人生苦短，不要总是把自己当成赚钱的机器。一生为赚钱而活着是非常悲哀的，学会把钱财看得淡些，不要一味地去追求享受。要做金钱的主人，不要做金钱的奴隶，最有效的办法是用自己的双手创造财富的同时，不妨多一点休闲的念头，不要忘了自己的业余爱好，不妨每天花点时间与家人一起去看场电影，去散散步，去郊游一次……如果这样，生活将会变得丰富多彩，富有情趣；心灵会变得轻松惬意，自由舒畅；生命会变得活力无限。

有钱固然是好，但是大量的财富却是桎梏。如果你认为金钱是万能的，你很快就会发现自己已经陷入痛苦之中。我们应该把自己放在生活主人的位置上，让自己成为一个真正的、完善的人。只有一个懂得享受生活情趣的人，才能让幸福快乐长久地洋溢在心间。

幸福箴言

我们通常把拥有财产的多少、外表形象的好坏看得过于重要，用金钱、精力和时间去换取一种令外界羡慕的优越生活和无懈可击的外表，自己却丝毫没有察觉自己的内心在一天天地枯萎。

陆：剪除名利负累，欲望不能滋生无度

人生中最重要的并不是钱

没有钱万万不能，但钱真的不是万能的。人生中，其实有很多东西更值得我们去珍惜，不要把眼睛死盯在钱上，钱并不是最重要的。

贪婪的人一旦抓住自己喜爱的事物，便不肯再放手，即便他握着的是一颗"定时炸弹"，即便危险即将来临，他们还是要死死抓住不放。

一位年轻人在岸边看到水中有一块闪闪发亮的金块，他很高兴，赶紧跳进水里捞取。但是任凭他怎么捞都捞不到。筋疲力竭、全身既湿又脏的他只好上岸休息，没想到在水波平静之后，金块又出现了。

他想："水中的金块到底在哪里呢？我明明看到了，为什么却捞不到呢？"于是，他又跳下去捞，结果还是没有捞出来，他实在很不甘心。

这时，佛祖出现在他面前，看到他全身湿淋淋又脏兮兮的，问道："发生了什么事？"

年轻人回答："我明明看到水中有金块，但是不管怎么捞都捞不到。"

佛祖看看平静的水面，再抬头望着树，说："你看，金块不是在水中，而是在树上！"

许多人都如同这个年轻人一样，把积聚金钱看成人生最重要的事情去做，结果却劳而无功，不仅没有得到金钱，而且还丢掉了比金钱更宝贵的东西，金钱有时同样是可遇而不可求的，倘若你为了得到金钱，不惜破坏或舍弃自己的人格。那么，你得到了金钱又能如何？

现实生活中，金钱确实非常重要，我们要生活，就必须用钱来购买一切生活用品。但问题是，现代人的"生活必需品"较之从前的人是越来越多了。人们对精神层次的追求也越来越高，要满足精神需求所要付出的代价也往往随之升高，而这种代价多数情况下都是金钱的代价。

当然，还有另外一个原因，那就是不管赚多少，都还想要更多的贪念。我们一旦被"必须要更多"的钩子钓上，一生便无法摆脱这个束缚了。是的，这种心理的产生也有一定的理由，这种理由便是通货膨胀的威胁。即使拥有的再多，我们也会担心万一金钱贬值，到我们衰老的时候，便没有足够的钱维持我们现在的生活水平。

的确，钱财在某种程度上能够证明一个人是否成功，钱也使你不必担心账单无法支付。可是，除此之外，它似乎不再有其他的好处。

一个人即便再有钱，一次吃的牛排也是有数的。所以，金钱多的人未必就拥有幸福，他只是不必为付钞票担忧罢了。

有多少人为争夺前人留下的一笔遗产而与家人大打出手、弄得鸡犬不宁、妻离子散？这实在是人世间的一种悲哀，他们根本不知道生命中最重要的是什么。他们因为贪婪而败坏了原本幸福快乐的家庭，他们虽然怀抱着金钱，却只能与孤寂、悲哀为伴。

有一位富翁，得了重病，知道自己将不久于人世，就把两个儿子唤到床前说："我死了以后，你们兄弟二人将财产平分，不要争夺……"

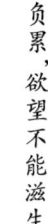

话未说完，富翁就去世了。

兄弟二人望着万贯家财，心生贪念，将父亲的话抛之脑后，开始你争我夺。可无论怎样分配，二人始终都无法达成一致意见。

这时，一位愚笨的老人对他们说道："让我来教你们如何把东西平均分成两份吧！你们只要把所有财物通通从中间切成两份就成了！"

二人听完后，异口同声地说道："真是好方法！"

于是，他们迫不及待地取出衣服、碗盘、花瓶、钱币等家产，将它们从中间、小心谨慎地分成两半，包括房子。

转眼间，万贯家财，变成了一堆堆破铜烂铁。

遗产本就非自己劳动所得，即是一奶同胞的骨肉至亲，谁多一点、谁少一点又有何妨？遗憾的是，世间总是有一些"蠢人"，他们从不肯多让一分利给别人，结果自己也得不到什么。

幸福箴言

每个人都应小心控制自己对金钱的欲望，要时刻提醒自己，金钱只是控制你合理生活的一个工具，除此之外，若有多余的钱，也只是你努力工作的报偿。不要把积聚金钱当作你人生最重要的事，你的健康、家庭和朋友，才是快乐生活的保障。

幸福绝对与贫富无关，其实很多时候人并不知道自己真正想要的是什么。有时，财富来得太容易、也太快，令许多人准备不足，于是他们背负着沉重的财富上路，去寻找心中所谓的幸福，可是幸福总是显得遥不可及。很多有钱人其实也很烦恼，因为对于他们而言，财富以及消费有时只是一种方便，而非幸福。

不以物喜，不以己悲

"采菊东篱下，悠然见南山。"精神上的得意与放松，试问还有何物能够取代？

我们在得与失之间徘徊的时候，只要还有选择的权利，那么，我们就应当以自己的心灵是否能得到安宁为原则。只要我们能在得失之间做出明智的选择，那么，我们的人生就不会被世俗所淹没。

山姆是一个画家，而且是一个很不错的画家。他画快乐的世界，因为他自己就是一个快乐的人。不过没人买他的画，因此他偶尔难免会有些伤感，但只是一会儿的时间。

"玩玩足球彩票吧！"朋友劝他"只花2美元就有可能赢很多钱。"

于是山姆花2美元买了一张彩票，并且真的中了彩！他赚了500万美元。

"你瞧！"朋友对他说"你多走运啊！现在你还经常画画吗？"

"我现在只画支票上的数字！"山姆笑道。

于是，山姆买了一幢别墅并对它进行了一番装饰。他很有品位，买了很多东西，其中包括：阿富汗地毯、维也纳橱柜、佛罗伦萨小桌、迈森瓷器，还有古老的威尼斯吊灯。

山姆满足地坐下来，点燃一支香烟，静静地享受着自己的幸福。突然，他感到自己很孤单，他想去看看朋友，于是便把烟蒂一扔，匆匆走出门去。

烟头静静地躺在地上，躺在华丽的阿富汗地毯上……一个小时

陆：翦除名利负累，欲望不能滋生无度

后，别墅变成一片火海，它完全被烧毁了。

朋友们在得知这一消息以后，都来赶来安慰山姆："山姆，你真是不幸！"

"我有何不幸呢？"山姆问道。

"损失啊！山姆，你现在什么都没有了。"朋友们说。

"什么呀？我只不过损失了2美元而已。"山姆答道。

人生漫长，每个人都会面临无数次选择。这些选择，可能会使我们的生活充满烦恼，使我们不断失去本不想失去的东西。但同样是这些选择，却又让我们在不断地获得。我们失去的，也许永远无法弥补，但我们得到的却是别人无法体会到的独特的人生。面对得与失、顺与逆、成与败、荣与辱，我们要坦然视之，不必斤斤计较，耿耿于怀。否则，只会让自己活得很累。

其实，人在大得意中常会遭遇小失意，后者与前者比起来，可能微不足道，但是人们却往往会怨叹那小小的失，而不去想想既有的得。

须知，得到固然令人欣喜，失去却也没有什么值得悲伤的。得到的时候，渴望就不再是渴望了，得到了满足，却失去了期盼；失去的时候，拥有就不再是拥有了，失去了所有，却得到了怀念。上帝会在关了一扇门的同时又打开一扇窗，得与失本身就是无法分离：得中有失，失中又有得。

《孔子家语》里记载：有一天楚王出游，遗失了他的弓，下面的人要找，楚王说："不必了，我掉的弓，我的人民会捡到，反正都是楚国人得到，又何必去找呢？"孔子听到这件事，感慨地说："可惜楚王的心还是不够大啊！为什么不讲人掉了弓，自然有人捡得，又何必计较是不是楚国人呢？"

"人遗弓，人得之"应该是对得失最豁达的看法了。就常情而言，人们在得到一些利益的时候，大都喜不自胜，得意之色溢于言表；而在失去一些利益的时候，自然会沮丧懊恼，心中愤愤不平，失意之色流露于外。但是对于那些志趣高雅的人来说，他们在生活中能"不以物喜，不以己悲"，并不把个人的得失记在心上。他们面对得失心平气和、冷静以待，超越了物质，超越了世俗，千百年来，令多少人"高山仰止，心向往之"。

幸福箴言

人生之中得得失失是很平常之事，不要太执着于物质，该是你有的，就用心享受，不该你有的，也不要强求。能将欲望放低一点，将得失之心放淡一些，人才不会活得太过疲惫。

陆：剪除名利负累，欲望不能滋生无度

柒
睁只眼闭只眼，人生难得糊涂

狄士雷曾经说过："生命太短暂，无暇再顾及小事。"其实，我们根本没有必要把所有事情都放在心上，更没有必要事事都弄个明明白白、清清楚楚，做人不妨糊涂一点，将那些无关紧要的烦恼抛到九霄云外，如此你会发现，生命中充满着阳光。

活得太明白，也会很累

糊涂一点，也是福气，将一切看得太明白，有时也是一种悲哀！

有些时候，人之所以活得不快乐，或许正是因为活得太明白。太明白了，便会失望、便会伤心，这又何必？让一切淡淡地来，也淡淡地去，生活就是如此，不必太计较，否则为难的便是自己。

世事无常，并非因人而定，生活中那些纷纷扰扰、悲欢离合在所难免。人生有痛苦，亦有快乐，故事的结局是悲是喜无从知晓，倒不如简单一点、低调一点、糊涂一点。人活得太清楚，反而无趣。

其实，世间事总没有多少能说得清，道得明。有时越是想弄得清清楚楚，明明白白，却越是糊涂，难分伯仲。所以，许多事还是不要太明白了。

曾经流传过这样一个故事：

寺庙中有两个小和尚为了一件小事吵得不可开交，谁也不肯让谁。第一个小和尚怒气冲冲地去找师父评理，师父在静心听完他的话之后，郑重其事地对他说："你说得对！"于是第一个小和尚得意扬扬地跑回去宣扬。第二个小和尚不服气，也跑来找师父评理，师父在听完他的叙述之后，也郑重其事地对他说："你说得对！"待第二个小和尚满心欢喜地离开后，一直跟在师父身旁的第三个小和尚终于忍不住了，他不解地问道："师父，您平时不是教我们要诚实，不可说违背良心的谎话吗？可是您刚才却对两位师兄都说他们是对的，这岂不是违背了您平日的教导吗？"师父听完之后，不但一点也不生气，反而微笑地对他说："你说得对！"第三位小和尚此时才恍然大悟，立刻拜谢师父的教诲。

其实许多事从他们个人的立场来看，他们都是对的。只不过因为每一个人都坚持自己的想法或意见，无法将心比心、设身处地地去考虑别人的想法，所以没有办法站在别人的立场去为他人着想，冲突与争执也因此就在所难免了。如果能够有一颗善解人意的心，凡事都以"你说的对"来先为别人考虑，那么很多不必要的冲突与争执就可以避免了，做人也一定会很轻松。

因此，凡事都要争个明白的做法并不可取，有时还会带来不必要的麻烦或危害。如当你被别人误会或受到别人指责时，这时如果你偏要反复解释或还击，结果就有可能越描越黑，事情越闹越大。最好的解决方法是，不妨把心胸放宽一些，没有必要去理会。

对于上班族来说，虽然人和人相处总会有摩擦，但是切记要理性处理，不要非得争个你死我活才肯放手。就算你赢了，大家也会对你另眼相看，觉得你是个不给朋友余地、不尊重他人的人，以后也会防着你，于是你会失去真正的朋友。而且被你损伤了尊严的同事，还可能对你记恨在心。

2002年，一位旅游者在意大利的卡塔尼山发现一块墓碑，碑文记述了一位名叫布鲁克的人是怎样被老虎吃掉的事件。由于卡塔尼山就在柏拉图游历和讲学的城邦——叙拉古郊外，很多考古学家认为，这块墓碑可能是柏拉图和他的学生们为布鲁克立的。

碑文记述的故事是这样的：布鲁克从雅典去叙拉古游学，经过卡塔尼山时，发现了一只老虎。进城后，他说，卡塔尼山上有一只老虎。城里没有人相信他，因为在卡塔尼山从来就没人见过老虎。

布鲁克坚持说见到了老虎，并且是一只非常凶猛的虎。可是无论他怎么说，就是没人相信他。最后，布鲁克只好说，那我带你们去看，如果见到了真正的虎，你们总该相信了吧？

于是，柏拉图的几个学生跟他上了山，但是转遍山上的每一个角落，却连老虎的一根毫毛都没有发现。布鲁克对天发誓，说他确实在这棵树下见到了一只老虎。跟去的人就说，你的眼睛肯定被魔鬼蒙住了，你还是不要说见到老虎了，不然城邦里的人会说，叙拉古来了一个撒谎的人。

布鲁克很生气地回答："我怎么会是一个撒谎的人呢？我真的见到了一只老虎。"在接下来的日子里，布鲁克为了证明自己的诚实，逢人便说他没有撒谎，他确实见到了老虎。可是说到最后，人们不仅见了他就躲，而且在背后都叫他疯子。布鲁克来叙拉古游学，本来是想成为一位有学问的人，现在却被认为是一个疯子和撒谎者，这实在让他不能忍受。为了证明自己确实见到了老虎，在到达叙拉古的第10天，布鲁克买了一支猎枪来到卡塔尼山。他要找到那只老虎，并把那只老虎打死，带回叙拉古，让全城的人看看，他并没有说谎。

可是这一去，他就再也没有回来。两天后，人们在山中发现一堆破碎的衣服和布鲁克的一只脚。经城邦法官验证，他是被一只重量至少在500磅左右的老虎吃掉的。布鲁克在这座山上确实见到过一只老虎，他真的没有撒谎。

这段碑文是不是柏拉图写的，考古学界没有给出确切的答案。实际上，这段碑文是不是柏拉图写的并不重要，重要的是这块碑文给予世人一种启示：世界上有许多不幸，都是在急于向别人证明自己正确的过程中发生的。那种急于去证明的人，其实是在寻找一只能把自己吃掉的老虎。

人生，没有必要太过较真，你只需把真理留在心间，又何必非要每个人都与你"心意相通"？人生于世，若是能够做到睁一只眼观心自省，闭一只眼淡看红尘是与非，就是一种很高的修行了。

其实很多时候，我们之所以感到不满足和失落，恰恰是因为我们在闭眼看自己，却将眼睛睁得大大地去看待这个世界，因而我们感到不公、感到不幸、感到别人都比我们幸运！如果我们安心享受自己的生活，不和别人计较，在生活中就会减少许多无谓的烦恼。

所以，我们不妨睁一只眼睛闭一只眼睛做人。不过，要做到这一点确实不易，这不仅需要有一定的修养，还需要有一定的雅量。

幸福箴言

你今天所拥有的，有时，只需糊涂一点，一切便可顺理成章、水到渠成，为何一定要问个明白、探个究竟？其实更多时候，人更需要的是审视自我，因为了解自己总比了解别人重要得多。

糊涂一点，才是人生大智慧

很多事情糊涂一点并无大碍。你只管做好自己的事就可以了。

这个世界上有太多的人和事你永远都管不完看不清。所以，清醒的时候就难免心烦意乱，不得安宁，还是糊涂一点更快乐。

人生本就是一场戏，看清了，也就释然了。郑板桥的那四个字"难得糊涂"包含着人生最清醒的智慧和禅机，只可惜有一部分人悟不透，大部分人做不到，所以，终日郁郁寡欢，忙碌不堪，事事要争个明白，处处要求个清楚，结果才发现因为太清醒了、太清楚了反倒失去了该有的快乐和幸福，留给自己的也就只剩下清醒之后的创痛。难得糊涂，糊涂难得。留一半清醒留一半醉，才能在平静之中体味这人生的酸、甜、苦、辣。古人说："水至清则无鱼，人至察则无徒。"水太清澈了，鱼儿们无法藏身，也无法找到可以维持生存的食物，当然只有另寻可以生存的水域。人活得太清楚，要求太苛刻，也就没有了朋友。因为所有的人都有这样那样的缺点。你紧抓着这些不放，当然没有人敢接近你。做事也是如此，有时你只需睁一只眼，闭一只眼就可以了。把事做绝了，做的太清楚了只能让人害怕你的苛刻，讨厌你的精细和烦琐。所以，当你再次要求别人去做事时，别人当然是能避则避，能推则推，这时的你也许还会觉得别人不够义气，却不知是因为你活得太过清醒，要求得太过严格。

所以，人何必活得那么清醒，自己太累，别人也不舒服。

只有糊涂一点，人才会清醒，才会冷静，才会有大气度，才会有宽容之心，才能平静地看待世间这纷纷乱乱的喧嚣，尔虞我诈的争斗；才能超功利，拔世俗，善待世间的一切，才能居闹市而有一颗宁静之心，待人宽容为上，处世从容自如。

有了"糊涂"这种大智慧，你就会感到"天在内，人在外"，天人合一，心灵自由，获得一种从未有过的解放。

凭着这颗自由的心，你再不会为物所累，为名所诱，为官所动，为色所惑。

有了这种大智慧，你才会翻然顿悟，参透人生，超越生命，不以生为乐，不以死为悲，天地悠悠，顺其自然，人间得以恬静，心灵得以安宁。

幸福箴言

糊涂是一种悟境。能顿悟者鲜有，可渐悟者居多。从"太精明"到"大糊涂"是人生的一种抉择，必然要有所放弃。对于绝大多数人而言，放弃是痛苦的，但唯有经历一番"痛苦"的洗礼之后，人的灵性才能得到升华。是故才有"难得"一说。

该糊涂处且糊涂

难得糊涂——简简单单四个字，禅意盎然。细思之，人生一世，草木一秋，几度悲欢，多少离合。非要立于明白处，心神俱伤，何苦何必！

生活是个万花筒，一个人在复杂莫测的变幻之中，需要运用足够的智慧来权衡利弊，以防失手于人。但是，人有时候亦应以静观动，守拙若愚。这种处世的艺术其实比聪明还要胜出一筹。聪明是天赋的智慧，糊涂是后天的聪明，人贵在能集聪明与愚钝于一身，随机应变，该糊涂处且糊涂。

一位小和尚对于许多事都弄不明白，觉得自己很笨，没有别人活得清醒，便去请教禅师如何能让自己活得清醒一点。

禅师并没有非常明确地说明，却对他讲了一个庄周梦蝶的故事：

柒：睁只眼闭只眼，人生难得糊涂

战国时期，哲学家庄周一直生活在痛苦当中，没有知己，他必须强迫自己摒除杂念，才能独自地生活下去。

一天黄昏，他实在想放松一下，便去了郊外。那里有一片广阔的草地，绿油油的草散发出芳香。他仰天躺到了上面，尽情地享受着，不知不觉就进入了梦乡。在梦中，他成了一只色彩斑斓的蝴蝶，在花草丛中尽情地飞舞着。上有蓝天白云，下有金色的大地，周围的景色也十分迷人，一切都是那么的快乐与温馨。他完全忘却了自我，整个人都被美妙的梦境所陶醉了。

梦终归有醒时，但他对于梦境与现实无法区分。过了许久，清醒了的他才发出一声感慨："庄周还是庄周，蝴蝶还是蝴蝶。"

人生如梦一场，所以，醒时也不妨让自己做做梦，活得轻松一点，糊涂一点。

老子大概是把糊涂处世艺术上升至理论高度的第一人。他自称"俗人昭昭，我独昏昏；俗人察察，我独闷闷"。而作为老子哲学核心范畴的"道"，更是那种"视之不见，听之不闻，搏之不得"的似糊涂又非糊涂、似聪明又非聪明的境界。人依于道而行，将会"大直若屈，大巧若拙，大辩若讷"，中国人向来对"智"与"愚"持辩证的观点，《列子·汤问》里愚公与智叟的故事，就是我们理解智愚的范本。庄子说："知其愚者非大愚也，知其惑者非大惑也。"人只要知道自己愚和惑，就不算是真愚真惑。是愚是惑，各人心里明白就足够了。

孔子说："宁武子，邦有道则知，邦无道则愚。其知可及也。"宁武子即宁俞，是春秋时期卫国的大夫，他辅佐卫文公时天下太平、政治清明。但到了卫文公的儿子卫成公执政后，国家出现内乱，卫成公出奔陈国。宁俞则留在国内，仍是为国忠心耿耿，表面上却装出一副糊里糊涂的样子，这是明哲保身的处世方法。因为身为国家重臣，不会保身怎能治国？后来周天子出面，请诸侯霸主晋文公率师入卫，诛杀佞臣，重立卫成公，宁俞依然身居大夫之位。这是孔子对"愚"欣赏的典故，他很敬佩宁俞'邦无道则愚"的处世方法，认为一般人可以像宁俞那么聪明，但很难像宁俞那样糊涂。在古代上层社会的政治倾轧中，糊涂是官场权力较量的基本功。仅以三国时期为例，就有两场充满睿智精彩的表演：一是曹操、刘备煮酒论英雄时，刘备佯装糊涂得以脱身；二是曹操、司马懿争权时司马懿佯病巧装糊涂反杀曹爽。后人有语云："惺惺常不足，蒙蒙作公卿。"

苏东坡聪明过人，却仕途坎坷，曾赋诗慨叹："人人都说聪明好，我被聪明误一生。但愿生儿愚且蠢，无灾无难到公卿。"

"聪明难，糊涂亦难，由聪明转入糊涂更难。放一招，退一步，当下心安，非图后来福报也。"做人过于聪明，无非想占点小便宜；遇事装糊涂，只不过吃点小亏。吃亏是福不是祸，往往有意想不到的收获。"饶人不是痴"，歪打正着，"吃小亏占大便宜"。有些人只想处处占便宜，不肯吃一点亏，总是"斤斤计较"，到后来是"机关算尽太聪明，反误了卿卿性命"。

郑板桥以个性"落拓不羁"闻于史，心地却十分善良。他曾给其堂弟写过一封信，信中说："愚兄平生谩骂无礼，然人有一才一技之长，一行一言为美，未尝不啧啧称道。囊中数千金，随手散尽，爱人故也。"以仁者爱人之心处世，必不肯事事与人过于认真，因而"难得糊涂"确实是郑板桥襟怀坦荡无私的真实写照，并非一般人所理解的那种毫无原则稀里糊涂地做人。糊涂难，难在人私心太重，执著于自我，陡觉世界太小，眼前只有名利，不免斤斤计较。

《列子》中有齐人攫金的故事，齐人被抓住时官吏问他："市场上这么多人，你怎敢抢金子？"齐人坦言陈辞："拿金子时，看不见人，只看见金子。"可见，人性确有这种弱点，一旦迷恋私利，心中便别无他物，唯利是图，用现代人的话说就是：掉进钱眼里去了！

聪明与糊涂是人际关系范畴内必不可少的技巧和艺术。得糊涂时且糊涂，更是比聪明人还聪明的处世哲学，是一门人生的大学问。

幸福箴言

大事有原则，小事可糊涂，便是有所为有所不为，以"无为"心态来应对"有为"的生活，便是大彻大悟，才最为"难得"。

大智若愚保平安

聪明难，糊涂亦难。要做个明白的糊涂人，要有足够的智慧。

人生的真谛就是"无我"。而无我的前提就是无相，不执著于任何事物，聪明地看清周遭的一切少惹是非，保全自己。

不过，要做到"明知故昧"，绝非易事，如果没有高度涵养，斤斤计较，是断乎不行的。古人有"骂如不闻"、"看如不见"的涵养，既避免了是非，又更利于扫平成功的路障。可见糊涂一点才是长久之计。

秦始皇手下大将王翦一生战功赫赫。秦始皇十一年，王翦带兵攻打赵国的阏与，不仅破城，而且还一口气拿下了九座城邑。秦始皇十八年，王翦领兵攻打赵国，仅用一年多的时间就大获全胜，逼迫赵王投降。第二年，燕国派荆轲刺杀秦始皇，暴怒的秦始皇派王翦攻打燕国，王翦顺利攻破燕国都城蓟，燕王喜被迫逃往辽东，王翦由此深受秦始皇的信任和重用。但纵然如此，王翦行事依然谨慎非常。

一次，王翦率60万大军前去攻打楚国，秦始皇亲自到灞上相送，他斟了满满一杯酒给王翦，说："老将军请满饮此杯，愿早日平定楚国，到时寡人亲自给将军接风洗尘。"

王翦谢过始皇，将酒一饮而尽，说："陛下，战场之上，刀剑无情，老臣临行前有一个请求，不知当说不当说？"

秦始皇说："老将军但说无妨。"

王翦就向秦始皇请求赏赐良田宅院，始皇笑道："老将军是怕穷啊？寡人做君王，还担心没有你的荣华富贵？"

王翦说："做大王的将军，能人太多了，有功最终也未必得到封侯，所以大王今天特别赏赐我临别酒饭，我也要趁此机会请求大王的恩赐，这样我的后代子孙就不愁没有家业了。"

秦始皇听了哈哈大笑。

王翦到了潼关，又派使者回朝请求良田赏赐，一连五次。秦始皇身边的人都担心他会发怒，但是秦始皇神色未变，反而看上去有些喜色。

王翦的心腹对他说："将军这样做会不会太过分了？哪有这样朝君主要田要地的？难道不怕皇帝怪罪吗？"

王翦说："不，皇上为人狡诈，不轻信别人。现在他把全国的军队都交到了我手上，心里一定有所顾忌。我多请求田产做为子孙的基业，让他以为我是个贪图钱财的人，而不是贪图王位权势，那他就不会对我有所猜忌了。"

王翦识人精到，而做人的策略更是圆融柔婉，能在猜忌心很重的秦始皇手下得到重用数十年，真的不是件容易的事啊。

自古以来，为人臣子的对于君王来说就像一把双刃剑，用得好了是杀敌防身的利器，用得不好了就是夺权篡位的逆贼。所以当君主的对于战功、军权过大的臣子都免不了猜忌，有时候也难免要杀死有功之臣以防他谋位篡权。

汉朝萧何的功劳很大，有个门客就对他说："满朝之中您的功劳最大，已经没有什么封赏配得上您了。而且您还得到百姓们的拥护，现在皇帝在外打仗，还几次问起您在做什么，他这是怕您谋反啊。"萧何深以为然，他就按照门客的计策，多买田产多置房宅，还做了一些损害自己声誉的事情。等汉高祖回来时，看到百姓拦路控告萧何，反而十分高兴。

王翦、萧何的做法有着异曲同工之妙，他们采用的是韬晦的办法，用糊涂来应付君主的猜忌，从而保住自己的身家性命。

一个人，若懂得了糊涂的学问，就会知道自己的意见并不总是那么绝对，就能更虚心地对待不同意见。泰山不让寸土而成其大，江河不捐细流而就其深。懂得了糊涂的学问，就知道了自己能力的局限，你所不能驾驭的，就不要忙于去驾驭；你所不能把握的，就不会急于去把握；你所不能强求的，就不要勉强。而是将自己的精力更专注地投入一个有限的范围，做你擅做的事，精益求精，成为某一行业的行家里手。懂得了糊涂的学问，你就知道了对宠辱誉毁的看法不能那么绝对，对功名利禄、荣华富贵不能看得很重。这不但增强了耐受挫折的韧性，又能养成心如止水、宠辱不惊的持重。

幸福箴言

福祸的初始如果可以被觉察到，那么我们就可以提前预防，并在危险没有形成的时候就避开它，不过这是需要大智慧的。通常，人们在危险的萌芽阶段，往往浑然不知，而在危险来临时，则束手无措，大受其害。倘若我们平日能多留点心眼，谨慎处世，小心做人，敏感地觉察到事物的变化，那就可以将灾祸化于无形了。

不妨揣着明白装糊涂

这世间事，愚昧之人看不懂，聪明之人看得破。看破不说破才是大聪明，真高明有时不防揣着明白装糊涂。

我们做人时刻都要留点心眼，你固然聪明，但也不要太过彰显，这样做除了能满足你那无谓的虚荣心，还有什么呢？相反，它反而会使你成为那根"出头的椽子"、那只"被枪打落的出头鸟"。退一步说，即便是在不掺杂任何竞争因素的朋友交往中，倘若你太不知分寸，凡事都要点个明明白白，也一定不会受到欢迎。因为你在彰显聪明的同时，已然无形中贬低了朋友的智商，谁又会对此无动于衷呢？

某女士新近购置一所住房，装修时托付室内设计师为自己的卧室装饰了一些窗帘。然而，等到账单送来时，她不禁瞠目结舌——太贵了，但既然已经买了，就是心疼也没有办法。

几天以后，她的一位朋友前来造访，她们来到卧室，朋友很快就被那副窗帘吸引了："哦，它真的很漂亮不是吗？你花了多少钱？"但当她说出价钱时，朋友的脸上不禁呈现出怒色："什么？你被骗

柒：睁只眼闭只眼，人生难得糊涂

了！他们太过分了！"

诚然，她说的是实话，但又有谁喜欢别人轻视自己的判断力呢？于是，房主开始为自己辩护，她告诉朋友：一分钱一分货，斤斤计较的人永远不可能买到既有品位而质量又高的东西。接着，二人你一言我一语，展开了唇枪舌战，最终不欢而散。

又过几天，另一位朋友也来参观新居，与上位朋友不同，她一直对那些窗帘赞赏有加，并有些失落地表示，希望自己也能买得起这种精美的窗帘。听到这番话，房子的主人坦言，其实自己也不想买这么贵的窗帘，确实有些负担不起，现在有些后悔也晚了。

人在犯错时，也许会对自己承认，但如果被人直言不讳地指出来，则往往很难接受，甚至会为维护自己的尊严而展开反击。试想，如若有人硬将鱼刺塞进你的咽喉，你会作何反应？话，有时不必说得太明白，即使事实摆在那里，也不该由你去揭破，让自己含糊一点，没有人会怀疑你的智商。事实上，如果换一种方式去渗透，反而会收到更好的效果。

这天早上，丽丽来到了总经理办公室。

"总经理，昨天交给您的文件，您签好了吗？"

总经理眯着眼睛想了想，随后又翻箱倒柜地找了一遍，最后很无奈地摊开双手：

"不好意思，我从没见过你交上来的文件。"

倘若是在两年前刚刚毕业那会儿，丽丽一定会据理力争："总经理，我明明将文件交给了您，而且亲眼看着您的秘书将它摆在了办公桌上，是不是您将它当做废纸丢掉了？"

但是现在，在吃过几次亏以后，她变得聪明了，现在的她绝不会这样做。只听她平静地说道："那有可能是我记错了，我再回去找一下吧。"

丽丽回去以后，并没有去找什么文件，而是直接将文件原稿从电脑中调出，重新打印了一份。当她再次将文件放到总经理面前时，对方只是象征性地扫了一眼，便爽快地签了字。

其实，总经理心里非常清楚文件的去向……

有些时候，谁是谁非并不重要。人在矮檐下，争辩又有何用呢？反而有可能会因此断送了自己的前程。装装糊涂，找个台阶给对方下，也许你会得到意想不到的收获。对于职场中人而言，上司就是主宰你前途的那个人，与他们相处，我们没有必要太过较真。正所谓"人在屋檐下，怎能不低头"，在一些小事上你留给他足够的面子，他自然会心知肚明，那么在将来的某些"大事"上，他也一定会给予你相应的关照。

其实，这世间本无绝对的对与错，更无绝对的公平，有时候要想活得更好，就必须要适当地让自己糊涂一下，"委屈"一下。

看破而不去说破，人与人之间便会相安无事，社会便会更加和谐，这是多好的氛围啊。

看破是你精明，但不说破才是真智慧。能看透这一点，你才会从冒失走向成熟，并慢慢变得高明起来。

幸福箴言

世事复杂，说破有时于事无补。所谓"观棋不语真君子"，即便当局者迷，也不容你这旁观者去多嘴。说破对当局者而言是一种触犯和不敬，焉能不遭到谴责？

糊涂会让婚姻的围城更牢固

社会、家庭都是一样，就是一个大大"人"字的缩写，且看"人"字，不就是"相互支撑"的一种平衡吗？

一个家庭中，男女双方若能不执着于自我，便会得到和谐与幸福。

须知，即便两个再好不过的恋人，也是两个独立的"世界"。这两个完全独立的个体，只能互相映照、互相谅解，最大可能地去异求同，而绝不可能完全重合为一。鉴于此，为使小家庭里爱情之花常开不萎，都能开开心心地去从事社会工作，就要从互相映照、互相谅解和去异求同上下工夫，这就是"方圆"维系家庭和睦的真谛所在了。

但令人烦恼的是，有些相爱的人，却往往表现出极为强烈的不信任，总想把对方了解得一清二楚，总想让对方按照自己的意志行事，总怀疑对方对自己的忠贞。有理论家把这类现象，归纳为由于"爱"而产生的恐惧症，是获得之后的最不愿意失去。

中国古代有一个很"美丽"的悲剧故事，叫作《秋胡戏妻》。

有个叫秋胡的人，娶妻五天就离家到外地做官去了。五年之后春风得意地回来了，快走到自家村庄的时候，看见田野里有一位楚楚动人的女子在采桑叶，把这个秋胡看呆了，就下了马车，走到女子面前，以就餐、求宿、许金进行挑逗，结果被女子一一回绝。回家后，见过父母，使人召回妻子，一看，竟是那位采桑叶的妇人。

秋胡觉得惭愧不说，妻子开始数落起他来，说他离别父母五年了，不是着急回家，反而调戏路边的妇人，是不孝、是不义。不孝的人，就会对君不忠；不义的人，则会做官不清。于是，出村往东跑去，投河自尽了。

后人为了表彰她的节烈，建起了一座座的"秋胡庙"。庙里供奉的却是这位青年女子，因为她没有留下自己的名字，所以就用她丈夫的名字做了庙名。

其实，这位女子大可不必这样认真，她的丈夫已经表示惭愧了，她也并没有什么轻佻的言行，完全可以教训丈夫几句，就什么都过去了。她的丈夫甚至可以用已经认出了她，只不过是故意开个玩笑试探她的忠贞来掩饰，如此，夫贵妻荣，岂不皆大欢喜？关键就是这位女子心里没有"方圆"的处世方法，尤其对丈夫的期望值过高，认为丈夫将来一定不会忠于他们的爱情，与其将来难受，不如现在一死了之。结果，白白断送了年轻的生命。

值得我们深思的是，古代的悲剧故事并不过时，在现实生活里，因为丈夫（妻子）的出轨，或者只是怀疑对方另有第三者，于是争吵、纠缠中自杀殉情的也大有人在。

生活就是如此，太过计较的人未必可以获得幸福。在婚姻与爱情的舞台，无论男女，都不要太计较、太精明的人。幸福的来源在于方圆与精明之间。所以，你一定要演好自己的角色。

幸福箴言

婚姻的围城内，并不是讲理的地方，这里需要的是情感交流。其实，家家需要一本糊涂经，太较真滋生不出缠绵的爱。对于爱情，婚前一定要明白，但婚后必须要糊涂，这便是家庭幸福的秘诀。彼

此相让，对的是你，错的是我，我受到了"委屈"，却收获了幸福。

是什么令婆媳关系如此融洽

　　一段婚姻，两个家庭文化的冲突，婆媳矛盾应势而生。倘若彼此不能开释，非要论个是非曲直，即便断定对错，那么亦无意义，因为，家庭的和谐被破坏了。

　　有人说："前生的五百次回眸，才修得今生的擦肩而过。"人与人相遇就是缘，婆与媳无疑更是有缘之人，这种关系理当倍加珍惜。然而现实是，婆媳关系是家庭中最难处理的关系，婆媳矛盾则是一个令清官也为之发愁的难题。在婆媳矛盾的背后，隐伏着母子之爱和夫妻之爱的竞争，这种竞争往往是无意识的竞争，事实上却是婆媳矛盾激化的一个很重要的因素。

　　父母为了把子女抚育成人，付出了大量的心血，倾注了大量的爱。一般说来，成家之前，儿子总是把母亲视为自己最亲的亲人。但是，一旦儿子结了婚，组建了自己的家庭，开始感受到夫妻之爱，这时，母子之爱便自然而然地降至次要的地位，儿子新家庭的利益不可避免地放到了他原来家庭的利益之前；而且，儿子在生活中遇到了什么问题，首先关心他的总是媳妇，而儿子也总是把生活中的酸甜苦辣更多地、更主动地向媳妇倾吐，把媳妇视为"第一参谋"。这时，做母亲的便会感到感情上受到了冷落，加上儿子成家以后同自己的接触较以前大为减少，做母亲的如果不体谅，便会埋怨儿子"娶了媳妇忘了娘"，而把一肚子的怨气一股脑儿全倾泻在媳妇身上。因此，做母亲的要有"宰相肚里能撑船"的气度，看到儿子和媳妇相亲相爱，齐心持家，应该为之感到高兴，切不可妄生被冷落之感和疑忌之心。

吴晓欢在一次和婆婆发生冲突以后，跑到表妹王媛媛家诉苦。当时，王媛媛正好有篇稿子要写，无暇陪她。吴晓欢就和王媛媛的婆婆闲聊起来。

吴晓欢无奈地说，她婆婆不讲卫生，做菜无味，整天唠叨，让人生厌。王媛媛的婆婆打断了她的话："你该向这个'糊涂'妹妹学学，她不嫌我这个乡下老太婆，我在这里一住就是几年。我炒的菜明明盐放多了，可她还说好吃！前天刚给我一百元零花钱，今天早上又问我还有没有零钱用。"

王媛媛的婆婆一边说，一边呵呵笑起来……

午饭后，王媛媛打开洗衣机准备洗衣裳，却找不到早晨刚刚换下的衣服。"妈，看见我的衣裳了吗？"

王媛媛的婆婆却一拍脑门，笑着说："瞧我这老糊涂，刚才一不留神把你的衣服给洗了。"

吴晓欢看着表妹婆媳之间融洽的样子，愣了一下神，好像若有所悟地点点头。当晚，吴晓欢深情地告诉王媛媛："以前我总羡慕你有好婆婆，现在终于明白了，不计较小事小非，什么事都好办了！我以后真得好好向你学习。"

此后，吴晓欢也当起了"糊涂"媳妇。令人欣慰的是，不久以后，她婆婆也被"传染"了，也跟她一起"糊涂"起来。以后，她们家再也看不见"硝烟"了。

自古以来婆媳相处一直就是家庭中的一大敏感问题，相处得来一切OK，要是相处得不好，婆媳过招一百回的戏就会常在家中上演。不

过，尽管婆媳矛盾是一个古今中外令许多家庭头痛的难题，但只要当事者本着互相信任、互相尊重、互相爱护、互相关心、互相宽容忍让的态度，加上家庭其他成员齐心协力促使其向良性的方面转化，婆婆与媳妇之间一定会产生出真诚的爱，一定能够和睦相处。

都说不是一家人，不进一家门，既然进了一家门，那就是百世修来的缘分。人生不过数十载，于老人而言，幸福的日子更是过一天少一天，婆媳之间何必争得面红耳赤，闹得鸡犬不宁，令你们的儿子、丈夫身居其中左右为难。做婆婆的，应老有持重，多装装糊涂，谅解儿媳的"不懂事"；做儿媳的，应本着尊老敬老的基本操守，能体谅的多体谅，能忍让的多忍让。这样，不但你们过得开心，你们的儿子、丈夫也少了很多危难之时，才能毫无后顾之忧地为这个家尽心尽力。

对于老年人而言，如何处理好家庭关系，具体说处理好与后辈的关系，更是一个重要而敏感的问题。它不仅关系到家庭和睦，而且影响到老人身心健康。当然，儿女应当孝顺、孝敬，尽量让老人满意。不过，作为老年人一方，自己应有一个正确的认识和态度，讲究点相处的方法和"艺术"，也是十分重要的。在必要的时候不妨装装糊涂，这是很明智的。

幸福箴言

古人云：不痴不聋，不做阿姑阿翁。意思是说，作为家中的父母或公婆，对儿子媳妇、女儿女婿的若干私事，应当少问少管，睁一只眼闭一只眼，经常装装糊涂，家中自会少生许多矛盾，当长辈的也就减少许多烦恼。换位思考一下，做晚辈的，也应该宽容大度一点，不能什么事情都较真，只有从心眼里爱她们、敬她们才能婆媳关系融洽。

捌
别为情感所困，前面还会有一片森林

  爱情是由两个人共同来描绘的，是两个完全平等的、有独立人格的人。为了爱情，你需要付出、需要努力，但并不是说，只要你付出了、你努力了，就一定会有结果，因为另一个人，并不受你的控制。所以，无论你爱得有多深，付出的有多么多，如果另一个人执意要离开你，那么请你尊重他(她)的选择。你应该意识到，你有一双自由的翅膀，完全可以飞离一个已经变成毒药的、枯萎的花朵。其实，人生有很多的选择，离开了谁我们都不会孤独。

缘来时珍惜，缘尽时放下

缘分这东西冥冥中自有注定，不要执著于此，进而伤害自己。但无论什么时候，我们都不要绝望，不要放弃自己对真、善、美的追求。

缘分，是人与人之间一种无形的联结，是前世注定的今世相遇的机会和可能。人与人在社会网中建立起一种亲密的关系，这就是有缘。譬如夫妻、父子，便是前世修来的缘，而与陌路人则是没缘的。没缘的时候，强求也无用。

缘是不可求的，缘如风，风不定。云聚是缘，云散也是缘。

爱情亦如是，一切随缘不一定非要追究谁对谁错，爱与不爱又有谁能够说得清楚？当爱之时，我们只管尽情去爱，当爱走时，就潇洒地挥一挥手吧！人生短短数十载，命运把握在自己手中，没必要在乎得与失，拥有与放弃，热恋与分离。失恋之后，如果能把诅咒与怨恨都放下，就会懂得真正的爱。

从前有个书生，和未婚妻约定在某年某月某日结婚。然而到了那一天，未婚妻却嫁给了别人。书生大受打击，从此一病不起。家人用尽各种办法都无能为力，眼看即将不久于人世。这时，一位游方僧人路过此地，得知情况以后，遂决定点化一下他。僧人来到书生床前，从怀中摸出一面镜子叫书生看。

镜中是这样一幅景象：茫茫大海边，一名遇害女子一丝不挂地躺在海滩上。有一人路过，只是看了一眼，摇摇头，便走了……又一人路过，将外衣脱下，盖在女尸身上，也走了……第三人路过，他走上前去，挖了个坑，小心翼翼地将尸体掩埋了……疑惑间，画面切换，书生看到自己的未婚妻——洞房花烛夜，她正被丈夫掀起盖头……书生不明所以。

僧人解释道："那具海滩上的女尸就是你未婚妻的前世。你是第二个路过的人，曾给过她一件衣服。她今生和你相恋，只为还你一个情。但是她最终要报答一生一世的人，是最后那个把她掩埋的人，那人就是她现在的丈夫。"

书生大悟，瞬息从床上坐起，病愈！

是你的就是你的，不是你的就不要强求，过分的执著伤人且又伤己。

倘若我们将人生比作一棵枝繁叶茂的大树，那么爱情仅仅是树上的一粒果子，爱情受到了挫折、遭受到了一次失败，并不等于人生奋斗全部失败。世界上有很多在爱情生活方面不幸的人，却成了千古不朽的伟人。因此，对失恋者来说，对待爱情要学会放弃，毕竟一段过去不能代表永远，一次爱情不能代表永生。

其实，若是你没有能力给她（他）幸福，那么放手于你于她（他）而言，或许才是最好的选择；若是她（他）爱慕虚荣，因名、因利离你而去，你是不是更该感到庆幸呢？

聚散随缘，去除执著心，让一切恩怨在岁月的流逝中淡去。那些深刻的记忆终会被时间的脚步踏平，过去的就让它过去好了，未来的才是我们该企盼的。

缘聚缘散总无强求之理。世间人，分分合合，合合分分谁能预料？该走的还是会走，该留的还是会留。一切随缘吧！

幸福箴言

爱情中，聚聚散散、离离合合是一个很正常的事，一如四季交替，阴晴雨雪。一段爱情，未必就是一个完整的故事，故事发生了也未必就会是一个完美的结局。对于爱情，我们不要将它视为不变的约定，曾经的海誓山盟谁又能保证它不会成为昔日的风景？

缘分可遇不可求

爱情亦如云，变化万端，云聚时汹涌澎湃，云散时落寞舒缓。人生中的分分合合宛若云聚云散，缘分便是可遇不可求的风。

缘分强求也无用。其实，缘起缘灭、缘聚缘散，都是命运，根本无须其他的理由。命运的多变的确让我们感到无所适从。

曾几何时，她与你心心相印、海誓山盟，约定白头到老、相携相扶，然而，随着空间的阻隔、时间的流逝，那份你侬我侬的"缘"逐渐淡而无味，乃至随风散去。情缘未必随人愿，并非每个人都能拥有缘，亦不可能每份缘都能被牢牢抓在手中。尘世间的聚聚散散、分分合合，在生活中演绎出多少悲悲喜喜、恩恩怨怨。有时有缘无分，君住长江头，我住长江尾，日日思君不见君；有时有情无缘，执手相看泪眼，竟无语凝噎。凡此种种，皆是人世间的大痛，可谁能料定？谁又能改变？

人生本来就有太多的未知，若无缘，或许只是一个念头、一次决定，便可了断一份情、丧失一份爱。一见钟情是缘，分道扬镳也是缘，人生如此。爱情是变化的，任凭再牢固的爱情，也不会静如止水，爱情不是人生中一个凝固的点，而是一条流动的河。所以，并不是有情人都能成眷属，亦不可说每个美丽的开始都会有美满的结局。你叹也好、恼也罢，事实就是如此，本无道理可言。也正因如此，人世间才会出现那么多的不甘与苦痛。

纪献凯和晏飞飞，是华南某名牌大学的高才生。他们俩既是同班同学，又是同乡，所以很自然地成了形影不离的一对恋人。

一天纪献凯对晏飞飞说："你像仲夏夜的月亮，照耀着我梦幻般的诗意，使我有如置身天堂。"晏飞飞也满怀深情地说："你像春天里的阳光，催生了我蛰伏的激情。我仿佛重获新生。"两个坠入爱河的青年人就这样沉浸在爱的海洋中，并约定等纪献凯拿到博士学位就结成秦晋之好。

半年后，纪献凯负笈远洋到国外深造。多少个异乡的夜晚，他怀着尚未启封的爱情，像守着等待破土的新绿。他虔诚地苦读，并以对爱的期待时时激励着自己的锐志。几年后，纪献凯终于以优异的成绩获得博士学位，处于兴奋状态的他并未感到信中的晏飞飞有些许变化，学业期满，他恨不得身长翅膀脚生云，立刻就飞到晏飞飞身边，然而他哪里知道，昔日的女友早已和别人搭上了爱的航班。纪献凯找到晏飞飞后质问她，晏飞飞却真诚地说："我对你已无往日的情感了，难道必须延续这无望的情缘吗？如果非要延续的话，你我只能更痛苦。"

或许我们会站在道义的立场上，为品德高贵、一诺千金的纪献凯表示惋惜，但我们又能就此来指责晏飞飞什么呢？怪只能怪爱本身就具有一定的可变性。

捌：别为情感所困，前面还会有一片森林

爱过之后才知爱情本无对与错、是与非，快乐与悲伤会携手和你同行，直至你的生命结束！世上千般情，唯有爱最难说得清。

是的，只要真心爱过，分离对于每个人而言都是痛苦的。不同的是，聪明的人会透过痛苦看本质，从痛苦中挣脱出来，笑对新的生活；愚蠢的人则一直沉溺在痛苦之中，抱着回忆过日子，从此再不见笑容……

不过，千万不要憎恨你曾深爱过的人，或许这就是宿命，或许他（她）还没有准备好与你牵手，或许他（她）还不够成熟，或许他（她）有你所不知道的原因。不管是什么，都别太在意，别伤了自己。你应该意识到，如此优秀的你，离开他（她）一样可以生活的很好。你甚至应该感谢他（她），感谢他（她）让你对爱情有了进一步的了解，感谢他（她）让你在爱情面前变得更加成熟，感谢他（她）给了你一次重新选择的机会，他（她）的离去，或许正预示着你将迎接一个更美丽的未来。

幸福箴言

爱情面前，不要轻易说放弃，但放弃了，就不要再介怀。经不起考验的爱情是不深刻的。唯有经得起考验的爱情，才值得你去珍惜，才会使你的人生更丰富多彩。

不是每段感情都值得你哭泣

情尽时，自有另一番新境界，所有的悲哀也不过是历史。情尽时，转个弯你还能飞，别为谁彻底折断了羽翼。

是不是每一份感情都值得你为之哭泣？是不是曾经在一起的每一个人都值得你去留恋？

有个女孩失恋了，哭哭啼啼去见老师。
老师问她："孩子，你哭什么？"
女孩说："我失恋了，他爱上了别人！"
老师问："那你爱他吗？"
女孩说："爱，非常爱！"
老师又问："那他爱你吗？"
女孩很无奈："现在不爱了……"
老师说："那么，该哭的人是他，因为他失去了一个爱他的人，而你，不过失去了一个不爱你的人！"

当你将整颗心交给一个人，你会希望这世界只剩下你和他二人，因为爱情的世界里，从不欢迎第三者。只可惜，没有人知道你们的未来通向哪里，或许走着走着，他（她）就牵上了别人的手。

倘若有一天，他（她）不再爱你，你该怎么办？请不要为他（她）哭泣，因为你不过是失去了一个不再爱你的人。放下心中的纠结你会发现，原本我们以为不可失去的人，其实并不是不可失去。你今天流干了眼泪，明天自会有人来给你欢笑。你为他（她）伤心欲绝，他（她）却可能在与新人取乐，对于一个已不爱你的人，你为他（她）百般痛苦可否值得？

你应该这样想：离开你是他（她）的损失！你只是失去了一个不爱你的人，离开一个不爱你的人，难道你真的就活不下去吗？不，这个世界上没有谁离不开谁，离开他（她）你一样可以活得很精彩。

请相信缘分，不久的将来，你一定可以找到一个比他（她）更好、更懂得珍惜你的人。爱情面前，心放宽一点，与其怀念过去，还不如好好地把握将来，要相信缘分，未来你会遇到比他（她）更好的、更懂得珍惜你的人！

有些事、有些人，或许只能够作为回忆，永远不能够成为将来！感情的事该放下就放下，你要不停地告诉自己——离开你，是他（她）的损失！

陈海飞一直困扰在一段剪不断、理还乱的感情里出不来。

宋明亮的态度总是若即若离，陈海飞想打电话给他，可是又怕接的人会是他的女朋友，会因此给他造成麻烦。陈海飞不想失去他，可是老是这样有时自己也会觉得自己很无奈，她常常问自己："我真的离不开他吗？""是的，我不能忘记他，只要能看到他，只要他还爱我就好。"她回答自己。

但是该来的还是会来。周一的下午，在咖啡屋里，他们又见面了。宋明亮把咖啡搅来搅去，一副心事重重的样子。陈海飞一直很安静的地坐在对面看着他，她的眼神很纯净。咖啡早已冰凉，可是谁都没有喝一口。

他抬起头，勉强笑了笑，问："你为什么不说话？"

"我在等你说。"陈海飞淡淡地说。

"我想说对不起，我们还是分开吧。"他艰涩地说。"你知道，我这次的升职对我来说很重要，而她父亲一直暗示我，只要我们近期结婚，经理的位子就是我的。所以……"

"知道了。"陈海飞心里也为自己的平静感到吃惊。

他看着她的反应，先是迷惑，接着仿佛恍然大悟了，忙试着安慰说："其实，在我心里，你才是我的最爱。"

陈海飞还是淡淡地笑了一下，转身离开。

一个人走在春日的阳光下，空气中到处是是春天的味道，有柳树的清香，小草的芬芳。陈海飞想："世界如此美好，可是我却失恋了。"这时，那种刺痛突然在心底弥漫。陈海飞有种想流泪的感觉，她仰起头，不让泪水夺眶。

走累了，陈海飞坐在街心花园的长椅上。旁边有一对母女，小女孩眼睛大大的，小脸红扑扑的。她们的对话吸引了陈海飞。

"妈妈，你说友情重要还是半块橡皮重要。"

"当然是友情重要了。"

"那为什么乐乐为了想要妞妞的半块橡皮，就答应她以后不再和我做好朋友了呢？"

"哦，是这样啊。难怪你最近不高兴。孩子，你应该这样想，如果她是真心和你做朋友就不会为任何东西放弃友谊，如果她会轻易放弃友谊，那这种友情也就没有什么值得珍惜的了。"母亲轻轻地说。

"孩子，知道什么样的花能引来蜜蜂和蝴蝶吗？"

"知道，是很美丽很香的花。"

"对了，人也一样，你只要加强自身的修养，又博学多才。当你像一朵很美的花时，就会吸引到很多人和你做朋友。所以，放弃你是她的损失，不是你的。"

"是啊，为了升职放弃的爱情也没有什么值得留恋的。如果我是美丽的花，放弃我是他的损失。"陈海飞的心情突然开朗起来了。

若是一个人为虚荣放弃你们之间的感情，你是不是应该感到庆幸呢？很显然，这样的人不值得你去爱。

大量的事实告诉我们，对待感情不可过于执着，否则伤害的只能是自己。

在爱情面前，没有谁是强者，一段感情的终结，受伤最深、痛苦最久的当然是被弃者。不过，既然他（她）不懂珍惜你，那你又何必去牵挂他（她）？做人，失去了感情，但一定要保留尊严，即便你当初爱得很深，也要干脆一点。让他（她）知道，离开他你一样可以活得很好，让他（她）知道，离开你是他（她）的损失！

其实，对方离开你，并不意味着你没有魅力了。你真正的魅力取决于你的生命层次。如果你的生命层次很高，即使对方离开了你，也只能说明他不懂得欣赏你。如此看来，你虽然失去了一棵树，但很有可能会得到一片森林。

幸福箴言

爱情是两个原本不同的个体相互了解、相互认知、相互磨合的过程。磨合得好，自然是恩爱一生，磨合得不好，便免不了要劳燕分飞。当一段爱情画上句号，不要因为彼此习惯而离不开，抬头看看，云彩依然那般美丽，生活依旧那般美好。其实，除了爱情，还有很多东西值得我们为之奋斗。

下一个或许更适合你

感谢那个抛弃你的人，为他祝福，因为他给了你寻找幸福的新机会。

人生最怕失去的不是已经拥有的东西，而是失去对未来的希望。爱情如果只是一个过程，那么失去爱情的人正是在经历人生应当经历的。要知道，或许下一个他（她）更适合你。

郑艳雪花龄之际爱上了一个帅气的男孩，然而对方却不像郑艳雪爱他那样爱郑艳雪。不过，那时郑艳雪对爱情充满了幻想，她认为只要自己爱他就足够了，只要自己有爱，只要能和自己爱的人在一起，这一辈子就是幸福的。于是，情窦初开的郑艳雪不顾闺蜜劝说，毅然决然地嫁给了那个男孩。然而，婚后的生活与郑艳雪对于爱情的憧憬完全是两个样子，从结婚那天起，幸福就告一段落。她的丈夫爱喝酒，只要喝醉了就对她拳脚相加，即便是在外边受了气，回到家中也要拿她来撒气。2年以后，郑艳雪产下一女，丈夫对她的态度更不如前，就连婆婆也对她骂不绝口，说她断了自家的香火。

后来，她丈夫又勾搭上了别的女人，终日里吵着要离婚，最终郑艳雪忍受不了屈辱，签下离婚协议书，带着不足3岁的女儿远走他乡。

已年近30的郑艳雪虽然被无情的岁月、困顿的命运褪去了昔日的光鲜，却增添了几分成熟女人的韵味，依旧展现着女人最娇艳的美丽。于是，便有媒人上门提亲，据说对方是个过日子的男人，就因为当年成分不好耽搁了终身大事，改革开放后靠手艺吃饭。郑艳雪因为想给女儿一个完整的家，所以当时并没有考虑对方是不是自己爱的人，没有多问就嫁给了那个叫武锋的男人。

过门以后郑艳雪才发现，那个男人长得又黑又丑，满口黄牙，而且他的所谓手艺也只是顶风冒雨地修鞋而已。见到武锋的那一刻，别说爱上他了，郑艳雪心中甚至有一种上当受骗的感觉，但是她知道，自己已经没有任何退路了。

然而，就是这样一个不起眼的丑男人，却让她深切体会到了男女之间真正的爱情。

结婚之后，武锋很是宠她，不时给她买些小玩意儿，一个发夹、一支眉笔……有一次，他给她带回了几个芒果。

在郑艳雪吃芒果的时候，武锋只是傻傻地看着她，自己却不吃。郑艳雪让他："你也吃。"他却皱眉："我不爱吃那东西，看你喜欢吃我就高兴。"后来，郑艳雪在街上看到卖芒果的，过去一问才知道，芒果竟要20元一斤，她的眼睛瞬间红了起来。

那么香甜可口的东西他怎么可能不爱吃？他是舍不得吃呀，是为了让她多吃一些啊！

随着时间推移，武锋的无私也让郑艳雪对他产生了感情。

爱情不是一次性的物品，用完了就不能再用。那段逝去的感情或许只是生命中的一段插曲，那个不再爱你的人应该只是生命中的过客而已。上天对每个人都是公平的，而真正爱你的人，一定会在不远处等着你，只要你不放弃。

可是对此，很多人却看不透。于是有些人在失去爱情以后悲痛欲绝，甚至踏上自毁之路。这真的是太傻了。

爱情对于豁达的人而言，只是生命的一部分，是一种人生的经验，有顺境有逆境，有欢笑有悲哀。所以，当和喜欢的人相爱时，会觉得快乐，觉得幸福。当分手时，或者遇上障碍时，会自我安慰："这是人生难免，合久必分，也许前面有更好、更适合我的人哩！"于是他们会勇敢地、冷静地处理自己伤心失落的情绪，重新发展另一段感情。

而偏执的人则不然，他们会觉得一生里最爱的只有这一个人，不相信世界上有更完美、更值得他们去爱的人。所以当这段爱情变化时，就会失去所有的希望，也对自己的自信心和运气产生怀疑。这段关系遭受外界的阻力，就等于"天亡我也"。

其实，现实人生里，没有人是像电影小说、流行歌曲所形容的那样幸福地恋爱一次就成功，永远不分开。大多数人都是经历过无数的失败挫折才可以找到一个可长相厮守的人。

所以当你失去爱情时，当你们不可能永远在一起时，你应该告诉自己："还有下一次，何必去计较呢？"无论你这次跌得多痛，也要鼓励自己，坚强起来，重拾那破碎的心，去等待你的"下一次"。人生是个漫长的旅程。在这个旅程中，人们大都要经历若干级人生阶梯。这种人生阶梯的更换不只是职业的变换或年龄的递进，更重要的是自身价值及其价值观念的变化。在"又升高了一级"的人生阶梯上，人们也许会以一种全新的观念来看待生活，选择生活，并用全新的审美观念来判断爱情，因为他们对爱情的感受已然完全不同了。

这种人生的"阶梯性"与爱情心理中的审美效应的关系在许多历史名人的生活中，也可看到。比如歌德、拜伦、雨果等，他们更换钟情对象"往往表现了他们对理想的痛苦探求，同现实发生冲突所引起的失望，和试图通过不同的人来实现自己的理想形象的某些特点的结合"。

虽然更换钟情对象有时是可以理解的，但是，这种选择给人们带来的痛苦也是显而易见的。因而女人们应该尽可能在较成熟的阶梯上做出自己的选择。所以，有一天当失恋的痛苦降临到我们身上

时，也不必以为整个世界都变得灰暗，理智的做法应是给对方一些宽容，给自己一点心灵的缓冲，及时进行调整，用新的姿态迎接明天。

幸福箴言

经历了许多的人、许多的事，历尽沧桑之后，你就会明白：这个世界上，没有什么是不可以改变的。美好、快乐的事情会改变，痛苦、烦恼的事情也会改变，曾经以为不可改变的，许多年后，你就会发现，其实很多事情都改变了。而改变最多的，竟是自己。所以当一份感情不再属于你的时候，就果断地放弃它，然后乐观等待你的下一次！

失去爱人，也要留下风度

不要在缘分散尽时苦苦纠缠、彼此折磨，将你曾经爱过的那个人到处指责，何必？既然留不住心，不如给回忆多留下一点美好。失去了爱人，我们也要留下风度。

缘分这东西，日子久了也会生锈，使人遗忘了当初的信誓旦旦。缘分来的时候很甜蜜，去的时候也很无情，当爱情不再灿烂，留给人的多是疲惫与憔悴。

往日的卿卿我我变成今日的相对无言，多少人为此患得患失。然而尘缘如梦，几番起伏总不平，有些事似乎早已注定。天下无不散之筵席，当情缘已尽时，究竟孰对孰错谁又说得清、道得明？缘分就是这样，亦如花要凋谢、叶要飘零，你纵有千般不舍，又如何阻挡？情到断时自然断，人到无情必然走，你又如何挽留？世间万物，一切随缘，缘来则聚，缘尽则散。人生在世，我们应懂得随缘而安，缘来不拒它，缘去不哀叹。在拥有的时候，就用心去珍惜，在失去的时候，也不要强求，因为情缘已尽注定难以挽留，强求亦不会得到满意的结果。既如此，为何不在最后时刻给自己留下尊严？"曾经相遇，曾经相拥，曾经在彼此生命中光照，即使无缘也无憾。将故事珍藏在记忆的深处，让伤痛慢慢地愈合。"

金海燕是一位医生，在北京一家很有名望的医院工作。丈夫李继楠是一家工程公司的老总，每天忙得不可开交，马不停蹄地在各地跑来跑去。两人见面的时间很少，只是偶尔在周末才聚一聚。

一次，金海燕和李继楠偶然间在医院的急诊室相遇。李继楠向妻子解释说："我带一个女孩来看病，她是我单位的员工，由于工作劳累过度晕倒了。"金海燕看了那女孩一眼，女孩看上去比李继楠小很多，脸上带着点野性。金海燕心里有一种说不出来的感受。

她便偷偷地到丈夫工作的公司去打探。大家都说从来没有见过像她所描述的这样一个女孩。

金海燕听后，立即像失去重心一样。回来后，她给丈夫打了电话，说她已出差到了外地，要一个月以后才回去。

接着她便到丈夫的公司附近蹲守。

蹲守的结果证明，那女孩已经与李继楠同居了很久。怎么办？是离婚还是抗争？金海燕陷入了极度痛苦的深渊。

那个晚上，她坐公共汽车回家。

车开得很慢，司机好像很懂金海燕的心情。车上只有三个乘客，另外两个乘客在给亲人打电话，脸上洋溢着幸福的表情。金海燕痛苦地闭上眼睛，回想起摊放在桌上半年多的离婚协议书。

突然有人叫她，是那位司机在跟她说话——"妹妹，你有心事？"

金海燕没有回答。

"我一猜您就是为了婚姻"，金海燕的脸色微微地有点冷漠，可司机却当没看见一样继续说："我也离过婚。"

金海燕眼睛微微一亮，便竖起耳朵细心倾听起来。

"我和妻子离婚了。"金海燕的心不由一紧。"她上个月已经同那个男人结婚了，他比她大4岁，做翻译工作，结过婚，但没孩子。听说，他前妻是得病死的。他性格挺好的，什么事都顺着我前妻，不像我性子又急又犟，他们在一块儿挺合适的。"

金海燕觉得这个司机很不寻常。

"妹妹，现在社会开放了，离婚不是什么丢人的事，你不要觉得在亲友当中抬不起头。我可以告诉你，我的妻子不是那种胡来的人，她和那个男人在大学里相爱四年，后来那个男人去了国外，两人才分手。那个男人在国外结了婚，后来妻子死了，他一个人在国外很孤独，就回来了。他们在同学聚会上见了面，这一见就分不开了。我开始也恨，恨得咬牙切齿。可看到他们战战兢兢、如履薄冰地爱着，我心软了，就放弃了……"

金海燕的眼睛有些湿润了,她想起丈夫写给她的那封信:

我没有想到会在茫茫人海中与她邂逅。在你面前,我不想隐瞒。她是一个比我小很多的女人。我是在一万米的高空遇见她的,当时她刚刚失恋。我们谈了几句话之后,她就坦诚地告诉我她是个不好的女孩,后来我知道她和我生活在同一座城市,我不知为什么,从那一天起,心里就放不下她。后来我们频频约会,后来我决定爱她,照顾她一生。因为她,我甚至想放弃一切……

车到家了,金海燕慢慢地走上楼。第二天她很平静地在离婚协议上签了字。

爱情可以容忍苦难,却不能容忍背叛。当一段感情逝去了,当你的爱人已然背叛你,不知你可曾想过,接下来我们要怎样做?

在情感的世界中,我们可以失去爱情,但一定要留下风度。

事实上,在情感的世界中,并没有绝对的对与错,他爱你时是真的很爱你,他不爱你时是真的没有办法假装爱你。毕竟你们真的爱过,所以分手时为何不能选择很有风度地离开?所以,不要为背叛流眼泪,在感情的世界中眼泪从来都只属于弱者。他若是爱你,怎会舍得让你流泪?他若是不再爱你,即便是泪水流尽亦于事无补。

缘分这东西冥冥中自有注定,如果你们错过,那只能说明你们不是彼此一生的归宿,他或许只是你在寻找一生爱情上的一次尝试。如果你自认是生活上的强者,那么不如洒脱的离开,既然曾经深爱,就不要再彼此伤害。

这时你所该做的,是面对生活,珍惜生命中的每一秒、每一段缘。

捌:别为情感所困,前面还会有一片森林

幸福箴言

在人生的旅途上，生活给了你伤痛、苦难，同时也给了你退路和出口。所以当你所爱的人为了另一个珍爱的人执意要离开你时，你无须绝望，而应在适当的时候选择放手。

玖
远离邪思恶念,与人为善自有福禄

无论做人还是做事,与人为善都是一个最基本的出发点。而可悲的是,有一些人竟然错把善良当作迂腐和犯傻。好人一生平安,因为善良这种品质正是上天给我们的最珍贵的奖赏。

人之初，性本善

倡导善良，只是为了让我们以最小的成本进行生活；以恶相报自然使恶恶相报成本陡然增大。奉行善心善行，其实是减少人生成本，让我们好过一些。

善良是人性光辉中最美丽、最暖人的品性。没有善良、没有一个人给予另一个人的真正发自肺腑的温暖与关爱，就不可能有精神上的富有。我们居住的星球，犹如一条漂泊于惊涛骇浪中的航船，团结对于全人类的生存是至关重要的，我们为了人类未来的航船不至于在惊涛骇浪中颠覆，使我们成为"地球之舟"合格的船员，我们应该培养成勇敢的、坚定的人，更要有一颗善良的心。

《三字经》讲道："人之初，性本善。"人生来都是善良的，只是由于后天环境的影响，人才开始变化的。

慈悲的心肠一定能为别人和自己带来幸运，善有善报是千古不变的道理。想一想，在过去的三个月中，你曾为别人做了哪些善事？

有一则《长者与蝎子》的故事，相信你看完后一定会感动。

一位长者看见一只即将被淹死的蝎子，当他用手去救蝎子的时候，蝎子却狠狠地咬了他一口。他疼痛难忍，不得不收回被蜇的手。看着还在水里挣扎的蝎子，他再次伸手相救，却又一次被蜇。有人对他说："您太固执了，难道您不知道每次去救它都被蜇吗？"他回答说："蜇人是蝎子的天性，但这改变不了我乐于助人的本性呀。"

最后长者找到一片叶子将蝎子从水中捞了上来，救了蝎子一命。

许多善良的人们，为了世界和平、人类的平等，不断地努力争取；在国内的贫困地区，有些老师为了适龄儿童不再失学，用他们微弱的身躯，微薄的收入，支撑着一个村乃至几个村的教育；为了拯救病人的生命，许多不相识的人们捐献爱心等，这一切无不体现着人们的善良，人类的前景也因人们的善良充满着希望。

善良的情感及其修养是精神的核心，必须细心培养，要把善良根植入每个人的心中。每个想成功的人，必须培养自己一颗善良的心，以全身心的爱来迎接每一天。这样，也一定会得到社会的回报。

幸福箴言

因为人性中本就存在光明与黑暗的两面。当妄念太过时，人便舍弃了光明的那一面，而走向黑暗。其结果也必将是黑暗的。人生如过眼云烟，只有以无所求之心培养善心善行，方能得到幸福的回报。

君子莫大乎与人为善

其实，人们需要善良，世界需要善良，你自己也需要善良。善待他人就是善待自己，亦如俗话所说的那样——授人玫瑰，手留余香。

玖：远离邪思恶念，与人为善自有福禄

"别人对我有一点点恩德，就应想着怎样大大地回报他。对怨恨自己的人，要总是怀着善心。"这是教人行善事，做善人的箴言。

中国有句处世之道："与人为善。"是说人不论到什么时候，都要以善的一面对待别人。与人为善是人际交往中一种高尚的品德，是智者心灵深处的一种沟通，是仁者个人内心世界里一片广阔的视野。它可以为自己创造一个宽松和谐的人际环境，使自己有一个发展个性和创造力的自由天地，并享受到一种施惠于人的快乐，从而有助于个人的身心健康。

与人为善并不是为了得到回报，而是为了让自己活得更快乐。与人为善其实极易做到的，它并不要你刻意去做作，只要有一颗平常的心就行了。

现实生活中，有些人不讨人喜欢，甚至四面楚歌，主要原因不是大家故意和他们过不去，而是他们在与人相处时总是自以为是，对别人随意指责，百般挑剔，人为地造成矛盾。只有处处与人为善，严以律己，宽以待人，才能建立与人和睦相处的基础。在很多时候，你怎么对待别人，别人就会怎么对待你。这就教育我们要待人如待己。在你困难的时候，你的善行会相互影响。

相反，倘若你是自私自利，从不考虑他人的人，则只会令自己众叛亲离，没有了人脉的支撑，你的人生之路只会越走越窄。所以，当黑暗来临时，不妨点一盏灯，不为别人，只为自己，不要吝啬于自己的善行。当你点燃那盏照亮的灯时，受益的不仅是路人，而且还有你自己。任何时候的善行都将使你受益。

漆黑的夜晚，一个远行僧人到了一个荒僻的村落中，漆黑的街道上，村民们你来我往。

僧人走进一条小巷，他看见有一团晕黄的灯从静静的巷道深处照过来。一位村民说："瞎子过来了。"

瞎子？僧人愣了，他问身旁的一位村民："那挑着灯笼的人真是瞎子吗？"

他得到的答案是肯定的。

僧人百思不得其解。一个双目失明的盲人，他根本就没有白天和黑夜的概念，他看不到高山流水，也看不到桃红柳绿的世界万物，他甚至不知道灯光是什么样子的，那他挑一盏灯笼岂不可笑吗？

那灯笼渐渐近了，晕黄的灯光渐渐从深巷移游到了僧人的鞋上。百思不得其解的僧人问："敢问施主真的是一位盲者吗？"

那挑灯笼的盲人告诉他："是的，自从踏进这个世界，我就一直双眼混沌。"

僧人问："既然你什么也看不见，那为何挑一盏灯笼呢？"

盲者说："现在是黑夜吗？我听说在黑夜里没有灯光的映照，那么满世界的人都和我一样什么也看不见，所以我就点燃了一盏灯笼。"

僧人若有所悟地说："原来您是为了给别人照明。"

但那盲人却说："不，我是为自己！"

"为你自己？"僧人又愣了。

盲人缓缓向僧人说："你是否因为夜色漆黑而被其他行人碰撞过？"

僧人说："是的，就在刚才，我还不留心被两个人碰了一下。"

盲人听了，深沉地说："但我却没有。虽说我是盲人，我什么也看不见，但我挑了这盏灯笼，既为别人照亮了路，也更让别人看到了我。这样，他们就不会因为看不见而碰撞我了。"

僧人听了，顿有所悟。原来佛性就像一盏灯，照亮自己也照亮别人。

爱是心中的一盏明灯，照亮的不仅仅是你自己。对于一个盲人而言，黑夜与白昼何来区别？然而，灯笼的光线虽然微弱，却足以让别人黑暗中看到他的存在。他的善行照亮了别人，同时也照亮了自己，这看似有悖常理的行为，才是人生中的大智慧。

其实，你怎样对待别人，别人就会怎样对待你；你怎样对待生活，生活也会以同样的态度来对你进行回报。譬如，当你再为别人解答难题的同时，也让自己对于这个问题有了更进一步的理解；当你主动清理"城市垃圾"时，不仅整洁了市容，也明亮了自己的视野……诸如此类，不胜枚举。

"君子莫大乎与人为善。"善待他人是人们在寻求成功的过程中应该遵守的一条基本准则。在当今这样一个需要合作的社会中，人与人之间更是一种互动的关系。只有我们去善待别人、帮助别人，才能处理好人际关系，从而获得他人的愉快合作。那些慷慨付出、不求回报的人，往往更容易获得成功。

所以，在生命的夜色中，请为别人也为自己点燃那盏生命之灯吧，如此，我们的人生将会更加地平安与灿烂！

幸福箴言

与人为善来源于高尚。"人心本善"，"只要人人都献出一点爱，世界就会变成美好的人间"……有了这样的情操，人们的行动才有了指南，人生杠杆才有了支点，理想大厦才有了精神支柱。

勿以善小而不为

"莫轻小恶，以为无殃；滴水虽微，渐盈大器，凡罪充满，从小积成。莫轻小善，以为无福，水滴虽微，渐盈大器，凡福充满，从纤纤积。"

三国时刘备在白帝城临终托孤时，仍不忘谆谆告诫刘禅："勿以善小而不为，勿以恶小而为之。"刘备一世枭雄，留下的名言不多，唯有这句话流传千古。这句话看似比较浅显，但却蕴含着很深的哲理。它告诉我们要在日常生活中的细节上加强道德修养，以免因小失大。

"勿以善小而不为，勿以恶小而为之。"谁都知道这个道理，但能够做到的人却很少。"愚昧之人，其实亦知善业与恶业之分别，但时时以为是小恶，作之无害，却不知时时作之，积久亦成大恶。犹水之一小滴，滴下瓶中，久之，瓶亦因此一滴一滴之水而满。故虽小恶，亦不可作之，作之，则有恶满之日。"

古人说"千里之堤，溃于蚁穴"，如果对小的贪欲不能及时自觉并且有效地修正，终将因为无底的私欲酿成灾难，小则身败名裂，大则招致亡国。我们要时常依照好的准则来检点自身的言行和思想，从善如流，否则等出现不良后果再深深痛悔都已太晚！成语"防微杜渐"，便是劝人勿以"微"为轻，故而随意开始，勿忽略"渐"而使积重难返。这尘间多少麻烦、多少纠缠、多少烦恼甚至是不幸，都是从"微"、"渐"而来。所以，请务必戒之！慎之！

有个非常有名的历史故事，名叫"象牙筷子"，也非常有意思。

商纣王刚登上王位时，请工匠用象牙为他制作筷子，他的叔父箕子十分担忧。因为他认为，一旦使用了稀有昂贵的象牙作筷子，与之相配套的杯盘碗盏就会换成用犀牛角、美玉石打磨出的精美器皿。餐具一旦换成了象牙筷子和玉石盘碗，在尽情享受美味佳肴之时，你一定不会再去穿粗布缝制的衣裳，住在低矮潮湿的茅屋下，而必然会换成一套又一套的绫罗绸缎，并且住进高堂广厦之中。

玖：远离邪思恶念，与人为善自有福禄

箕子害怕演变下去，必定会带来一个悲惨的结局。所以，他从纣王一开始制作象牙筷子起，就感到莫名的恐惧。事情的发展果然不出箕子所料。仅仅只过了五年光景，纣王就穷奢极欲、荒淫无度地度日。他的王宫内，挂满了各种各样的兽肉，多得像一片肉林；厨房内添置了专门用来烤肉的铜烙；后园内酿酒后剩下的酒糟堆积如山，而盛放美酒的酒池竟大得可以划船。纣王的腐败行径苦了老百姓，更将一个国家搞得乌七八糟，最后终于被周武王剿灭而亡。

人之善恶不分轻重。一点善是善，只要做了，就能给人以温暖。一点恶是恶，只要做了，也能给人以损害。而最重要的是对自己的道德品质的影响。所以，生活中的我们须谨言慎行。从一点一滴之间要求自己，做到为善。只有这样，我们才不至于在人生的沟沟坎坎中马失前蹄，断送我们本该美好的前途。

其实，现实中有一些人，做了坏事之后心里也感到不安，孔子说："获罪于天，无所祷也。"意在劝诫世人堂堂正正做人，不要干违反道义的坏事，否则，早晚都要遭到报应。这其实也是对我们每一个人都有警示意义的警钟，不要让自己在罪恶中越陷越深，以致无法自拔、自救。

世间万物都有一种标准，儒家提取、归纳，上升到理论层面上就是道义、礼节等标准，这其实也是事物发展规律的表现。一旦严重偏离，就会遭到规律的惩罚。比如见利忘义，唯利是图，争名于朝，争利于市，首鼠两端，惮心竭虑，而自以为得计。即使于营营苟苟、纷纷扰扰之际得蝇头微末之利，却丧失了长远根本之利。更有以邪恶手段攫取财富，到头来难免"机关算尽太聪明，反误了卿卿性命"，贪利损身，求荣反辱的事，古往今来，还见得少吗？

可见，只要是"恶"，即便微乎，我们也坚决不要做。因为失之小节，往往正是酿成大错的开始，而一个人的品行德性就体现在小节上。不要心存侥幸心理，认为无人知晓又无伤大雅便可妄为。须知，举头三尺有神明！若要人不知，除非己莫为！何况，做了小恶，即便别人不知，但你的品行也会受污；而做了小善，纵使无人赞扬，对你而言依然是一个可喜的长进。

"勿以善小而不为，勿以恶小而为之"——倘若大家能将刘备的这句话置之座右，奉为处世箴言，必然会增益良多，长进良多！

幸福箴言

美德积成于小善，防恶应注意未然。这世间，凡大皆由小而来，小善不为何来大善？小恶不除便成大恶！依事物性质而言，"小善"、"大善"本质皆为善；"小恶"、"大恶"本质皆为恶，切不可因"小"而忘其实质。正所谓"一日一钱，千日千钱；绳锯木断，水滴石穿"！

行善当怀无所求之心

没有任何私心杂念，完全是因为一念之善，这样的施与才是真正的慈善，无论你的施与多么微不足道，都是值得称颂的。

佛家云：如果真心帮助，不挟带任何杂念的布施，就是真布施；不怕将来没有回报的布施，就是真布施；不对受施人存任何轻视之心的布施，就是真布施。

什么是真正的慈善？一是出于至诚；二是不求回报；三是不轻

毁人家。

前面两条好理解，不轻毁人家是什么意思呢？

"轻"是轻视。因为自己处于"施"的地位，心里难免有几分优越感，在语言神态上就可能表现出看轻对方之意。比如那个"不受嗟来之食"的典故中，有钱人搭一个棚子，好心给饥民施粥，这是件功德事，说话却不客气，看见来了个人，就说："喂，来吃吧！"谁知那个人有骨气，不受嗟来之食，掉头而去。你瞧，本来是想帮助人家，反倒得罪了人家，还说什么"好心无好报"，太不通人情世故了嘛！

"毁"是诋毁的意思，也就是说人家的坏话。这个坏话不是当场说的，是背后说的。比如，给了别人一个帮助，生怕人家不晓得自己心眼好，马上去告诉人家："那小子现在都混成这样了，穷得连给小孩交学费的钱都没有。我看他可怜，借给他500元。"这好像是真话，怎么说是诋毁呢？因为这是揭人隐私。人在社会上，是要讲信誉的，这是一种无形资产。你让人知道了他的窘状，他的信誉马上下降，以后办事人家不放心他。

假如受自己帮助的人发达了，自己却原地踏步，说的话就更难听了："那小子，当初如何如何，要不是我帮他一把，他哪有今天？"这就不只是诋毁，而是诬蔑了。他混到今天这一步，99%肯定是靠他的才能和努力，你那点儿帮助哪够用？

电影里经常出现这样的镜头：某女身出豪门，某个小人物跟她结了婚，从此步步青云。此女便以此为傲，气稍不顺，就说："你没有我，哪有今天？"最后，老公坚决要跟她离婚。这个女人就是犯了诋毁的毛病。不错，你是给了他一个机会，但运用这个机会的才能却是他自己的，没有才能有机会也白搭。他有这个才能，在别的地方也可能找到这种机会，怎么能说没有你就没有今天呢！

总之没有任何私心杂念，完全是因为一念之善，这样的施与才是真正的慈善，无论你的施与多么微不足道，都是该值得称颂的。

幸福箴言

以无所求之心行善，不分对象地行善、随机缘而行善，此为善；以不求回报的心去积德行善，劝人广行善事，此为善；行善之人，若是为名而做，便是走错了路；若是善中有贪，则不可恕；这俨然背离了"善"的本意。

仁者爱人

"怀仁爱之心，则轻于财富。存义勇之心，则轻于灾难。既有仁爱之心，又有义勇之怀，则无所畏惧。"这就是所谓的"仁者无敌"。其实这是谁都明白的道理，但并不是谁都能够做到，因为这不仅需要有如大海的心胸，更需要以"志于仁"来作支撑。

如果每个人都能够设身处地地为别人着想，那么许多事情都可以顺利地得到解决，这个世界就会拥有更多的关怀。生活中的很多误解和隔膜实际上都是由于人与人的生活状态存在差异，因而造成的思维角度和方式不同所引起的。一个人如果能够充满仁爱之心，言行充满人情味，不但能给他人带来温暖，也会令自己的人生顺风顺水。

有一次，孔府的马棚失火了。孔子退朝回来，问道："伤人了吗？"却不问是否伤了马。

所谓的"仁者爱人",大概由孔子的这种言行最能体现吧。孔子问人不问马,充分体现了他以人为本的仁者之心。一个人,尤其是作为领导者,一言一行都应该带有令人亲切的人情味,多为他人着想一些。这不但能问心无愧,同时也会给自己增加"人气",让自己得到更多的尊敬和拥戴。

明朝开国皇帝朱元璋发妻马秀英,自幼亡母,被郭子兴夫妇收为义女。后战火起,马秀英先后追随义父、丈夫驰骋沙场,无暇顾及裹足之时,遂成了中国古代罕有的一位天足皇后。

马秀英在成为皇后以后,并没有像有些人那样露出"爆发户"的本性,而是以身作则,竭力辅佐夫君治理天下。对待自己及子女,她要求甚严,而对待下属臣民则仁慈有加,能容则容。

马秀英虽贵为皇后,但每天仍亲自操办朱元璋的膳食,连皇子皇孙的饭食穿戴,她也会亲自过问,可谓无微不至。嫔妃多劝她保重身体,别太劳累,马皇后对嫔妃说:"事夫亲自馈食,从古到今,礼所宜然。且主人性厉,偶一失饪,何人敢当?不如我去当中,还可禁受。"一次进羹微寒,太祖因服膳不满而发怒,举起碗向马皇后掷去,马皇后急忙躲闪,耳畔已被擦着,受了微伤,更被泼了一身羹污。马皇后热羹重进,从容易服,神色自若。嫔妃才深信马皇后所言,并深深为马皇后的道德人品折服。宫人或被幸得孕,马皇后倍加体恤,嫔妃或忤上意,马皇后则设法从中调停。

有人报告参军郭景祥之子不孝,"尝持槊犯景祥",差点儿将景祥打死。太祖听后大怒,欲将其正法。马皇后得知后劝朱元璋说:"妾闻景祥只有一子,独子易骄,但未必尽如人言,须查明属实,方可加刑。否则杀了一人,遽绝人后,反而有伤仁惠了。"于是朱元璋派人调查,果然冤枉。朱元璋叹道:"若非后言,险些断绝了郭家的宗祀呢。"

朱元璋的义子李文忠守严州时，杨宪上书诬劾，朱元璋想召回给予处罚，马皇后认为："严州是与敌交界的重地，将帅不宜轻易调动，而且李文忠一向忠实可靠，杨宪的话，怎能轻易相信呢？"太祖向来敬重信赖马皇后，就派人去严州调查，果然不实，文忠于是得以免罪。

某元宵灯节，朱元璋与刘伯温偶来兴致，下访京城灯会。行至一商铺门前，朱、刘二人见众人在猜灯谜，好不热闹，便凑上前去。其中一副有趣的图画谜面，引起了朱元璋的注意。画中是一妇人，怀抱西瓜，一双大脚颇为醒目。朱元璋不解其意，便问刘伯温："此谜何解？"刘伯温略作沉吟，答道："此乃淮西大脚女人。"朱元璋仍不解，追问："淮西大脚女人是谁？"刘伯温不敢直言，于是说道："陛下回宫后问皇后娘娘便知。"

回宫后，朱元璋迫不及待地向马皇后提及此事，马皇后讪然一笑："臣妾祖籍淮西，又是大脚，此谜底想必就是臣妾。"朱元璋闻言大怒："乡野草民竟敢调侃一国之母！"遂下旨将挂此灯谜的那条街居住的百姓全部抄杀。马皇后见状急忙劝解："元宵佳节，万民同乐，臣妾本是大脚，说说又有何妨？区区小事，何足动怒？以免惹得天下人耻笑。"

朱元璋听后，深以为是，此事遂得以作罢。

一次，朱元璋视察太学（国子监）回来，马皇后问他太学有多少学生，朱元璋答道有数千人。马皇后说："数千太学生，可谓人才济济。可是太学生虽有生活补贴，他们的妻子儿女靠什么生活呢？"针对这种情况，马皇后征得朱元璋同意，征集了一笔钱粮，设置了20多个红仓，专门储粮供养太学生的妻子儿女，生徒颂德不已。这说明在用人方面，马皇后非常爱惜人才。

此类事情还有很多，也正因如此，马秀英深受满朝上下以及黎民百姓的爱戴，天下无不尊敬，后世更是将其称为"千古第一贤后"。

像马秀英这么有人情味的领导，下属能不愿为她尽力做事吗？的确，在生活中，一个充满人情味和爱心的人，往往具有很强的亲和力。无论其地位高低，都会赢得别人发自内心的尊敬。这样的人，无论走到哪里，可以说都不会有过不去的路的。

古人云："以力服人者，非心服也，力不瞻也；以德服人者，心悦诚服也。"基于权力、财富、武力之外的人格感染力，是能让人们真正热爱、信服的一种感召力。德，是我们生存于世所必须具备的素养，是我们受用终身的宝贵财富。为人者，应加强自身人格修养，增强人格感染力，厚德载物，以德服人。事实上，对于很多事情来说，以善良为本的仁爱之举总能让你事半功倍，因为至少它会让你远离错误。

为自己谋取方便似乎是人们的天性，能够将别人放在自己心上来考虑的人，无疑是道德高尚的人。马秀英身为皇后，富贵天下，却能不忘本色，处处为别人着想，着实让人敬佩。很多时候，人在顺境中就会沉浸在自己的快乐生活中而忽视他人的苦难和不幸，但真正高尚的人，应超脱于个人的情感之外，将关注的目光投向那些和自己素无瓜葛但却需要帮助的人，这才是做人的至高境界。

幸福箴言

在当代社会，随着市场经济的发展，很多人错误地认为，所谓的"仁爱、良心"已经没有实际作用了，这其实是一种既狭隘又短浅的观点。从长远的发展看，立志行仁，内心就会有一种向善的自律力量，它会使一个人产生崇高的使命感和责任感，不但拥有了推动生活、事业的正确力量，而且也能够使整个前进的路上，都不会产生内在的焦虑、彷徨，同时令外界见不得人的干扰、攻击对你敬畏而远之。

助人就是助己

"赠人玫瑰,手留余香",付出终有回报。心无他人者,必无立锥之地,因为脱离人群,任谁也无法成就一番事业。

人与人之间应该是相互关怀、相互帮助的,任何人都不可能脱离社会而生存,当别人需要帮助时,我们应该怎么办,是漠视还是给予一些热情?

正所谓"爱人者人恒爱之"。若是我们能够对生活充满感恩,一直友好地态度对待他人,常怀善心,多替别人做善事,则我们的人生必定是幸福的。

有一位国王,他非常疼爱自己的儿子。由于父亲的权利,这位年轻王子向来没有一件欲望不能得到满足,真可谓要风得风、要雨得雨。然而,即便如此,王子却时常紧锁眉头,面容戚戚,少现笑容于脸上。

国王对此忧心忡忡,遂下旨招募能人,声明谁能让王子得到快乐,就一定会加以重赏,要官亦可,要钱也无妨。圣旨刚一公布,便引来众多"能人",这其中包括滑稽大师、杂技大师、博学者等等,但始终没有一人能够逗得王子一笑。众人束手无策,唯有灰溜溜地一一离去。

有一天,一个大魔术家走进王宫,他对国王说:"我有方法能使王子快乐,能将王子的戚容变作笑容。"国王很高兴:"假使能办成这件事，你要任何赏赐，我都可以答应。"

魔术家将王子领入一间私室，用白色"不明物"在一张纸上涂了几笔。随后，他将那张纸交给王子，让王子走入一间暗室，然后燃起蜡烛，看看纸上会出现什么。话一说完，魔术家便走了。

这位年轻王子依言而行。在烛光的映照下，他看见那些白色的字迹化作美丽的绿色，最后变成这样几个字——"每天为别人做一件善事！"王子遵从魔术家的劝告，很快成了全国最快乐的少年。

每天为别人做一件善事，你一定会寻找到生活的另一种意义；每天为别人做一件善事，在你向别人表达善意的同时，他们也会给予你相应的回报，你亦会因此而收获快乐，有时，甚至会得到意想不到的收获。

日已西沉，一个贫穷的小男孩因为要筹够学费，而逐户做着推销，此时，筋疲力尽的他腹中一阵作响。是啊，已经一天没吃东西了！小男孩摸摸口袋——那里只有1角钱，该怎么办呢？思来想去，小男孩决定敲开一家房门，看能不能讨到一口饭吃。

开门的是一位年轻美丽的女孩子，小男孩感到非常窘迫，他不好意思说出自己的请求，临时改了口，讨要一杯水喝。女孩见他似乎很饥饿的样子，于是便拿出了一大杯牛奶。小男孩慢慢将牛奶喝下，礼貌地问道："我应该付多少钱给您？"女孩答道："不需要，你不需要付一分钱。妈妈时常教导我们，帮助别人不应该图回报。"小男孩很感动，他说："那好吧，就请接受我最真挚的感谢吧！"

走在回家的路上，小男孩感到自己浑身充满了力量，他原本是打算退学的，可是现在他似乎看到上帝正对着他微笑。

多年以后，那位女孩得了一种罕见的怪病，生命危在旦夕，当地医生爱莫能助。最后，她被转送到大城市，由专家进行会诊治疗。

而此时此刻，当年那个小男孩已经在医学界大有名气，他就是霍华德·凯利医生，而且也参与了医疗方案的制定。

当霍华德·凯利医生看到病人的病历资料时，一个奇怪的想法、确切的说应该是一种预感直涌心头，他直奔病房。是的！躺在病床的女人，就是曾经帮助过自己的"恩人"，他暗下决心一定要竭尽全力治好自己的恩人。

从那以后，他对这个病人格外照顾，经过不断地努力，手术终于成功了。护士按照凯利医生的要求，将医药费通知单送到他那里，他在通知单上签了字。

而后，通知单送到女患者手中，她甚至不敢去看，她确信这可恶的病一定会让自己一贫如洗。然而，当她鼓足勇气打开通知单时，她惊呆了。只见上面写着：医药费——一满杯牛奶——霍华德·凯利医生。

一念之间，种下一粒善因，他日很有可能就会收获一粒善果。我们做人，没有必要太过计较，与人为善，又何尝不是与己为善？当我们为人点亮一盏灯时，是不是同时也照亮了自己？当我们送人玫瑰之时，手上必然还回绕着那缕芬芳。

幸福箴言

生活中，给马路乞讨者一块蛋糕；为迷路者指点迷津；用心倾听失落者的诉说……这些看似平常的举动，却渗透着朴素的爱，折射着来自灵魂深处的人格光芒。其实，助人就是助己，这样做了，相信你一定能够体会到它的妙处。

与人为善，不相交恶

有时，你所在乎的人似乎对你漠不关心，你会因此感到心情沉重。但是，这不是仇视的好借口，既然你坚信你对他人怀有慈悲心，别人的忘恩和不在乎亦无关紧要。

慈心，是亲爱和好的心，希望他人有幸福，是无量心、是大丈夫心。要做什么事，都要有爱心；要说什么话，都要有爱心；要想什么事，都要有爱心。这样做，爱心会支持这世界，会使世界有福乐、和敬同住、不相疑忌、不相仇视。这样，全世界会美好起来，一切众生，亦都是很安乐的。

爱对他人而言是无价之宝，透过爱，我们可以给予需要爱的人温暖。爱与被爱的人，比远离爱的人幸福。我们付出越多的爱心，就会得到越多爱的回报，这是永恒的因果关系。

爱犹如泥土，使万物生长。它丰富了人类的生命，不给予丝毫的限制和牵绊。爱提升了人性。爱无须花费分毫，爱应该是没有选择性的。或许有些人会认为爱是一种获得，但它基本上是一种付出的过程。

在培养爱心和善意时，应该由家中做起。父母亲之间的情感，影响家中气氛甚巨，家中成员因此感受到爱、呵护和分享。夫妻间应该相互尊敬、谦恭和忠诚。

父母亲对子女有五项责任：不可做坏事，树立好榜样，让孩子接受教育，支持、谅解孩子的恋爱或者为他安排婚姻，在适当时机让孩子继承家中的财产。

另外一方面，为人子女者应荣耀父母，并善尽为人子女者之职责。他应该服侍父母，珍惜家族血统，保护家庭的财富，以父母之名行善，在父母过世后以庄严态度来纪念他们。假如夫妻、父母亲和为人子女者皆遵从这些准则，家庭中将充满快乐和平静的气氛。生命是由种种小事组合而成，习惯性的微笑、善意和尽义务，将使我们的心灵获得快乐。

一个有爱的人会拥有慈悲心，我们应该养成习惯，去帮助身陷困难或比你更不幸的人。爱心和善意扩大并不意味着赠予，而是表现慷慨和有礼的精神。善意是一种盲人可见到、聋者可听到的美德。在这个世界，有人需要你用言语去安慰他，他会因你的出现而感到愉快且朝气蓬勃，他会因你的帮助而脱离苦海。无论你的存在是多么的不明显或不重要，你对人类而言，是项珍贵的财富。所以，你不应该为此而感到沮丧。甘地曾说："你的善行多半是不显著的，但是，重要的是你做了。"

寻找四周比你不幸或不健康的人，然后尽一己之力去帮助他们。我们应该不断地培养仁慈心、爱心和善意。凡是世上的人，皆有被欺骗的经历，你也不例外。假如你被人欺骗时，不用感到羞愧或受侮辱，但是，假如你欺骗他人，就是件可耻的事。对那些对不起你的人，千万不要存有报复之心。

当内心有爱时，四周将环绕着光明。当内心有爱时，每一句话都含有欢乐的气氛。当内心有爱时，时光将轻缓、甜蜜地流逝。

幸福箴言

用慈悲的眼神看待万物、用慈悲的口舌随喜赞叹、用慈悲的双手常做善事，我们将得到永久的祝福。

爱这世间一切生命

一座山上住着一位很有智慧的老和尚,山下的村里有什么疑难问题,村民们都上山来向他请教。

村民们说没有任何事情能难住老人家。

有一个聪明又调皮的孩子想故意为难那位和尚,他捉住了一只小鸟,握在手中,跑去问和尚:"大和尚,听说您是最有智慧的人,但我却不相信。假如您能猜出我手中的鸟是活的还是死的,我就相信了。"

和尚注视着小孩子狡黠的眼睛,心中有数。假如自己回答小鸟是活的,小孩会暗中加劲把小鸟掐死;假如回答小鸟是死的,小孩定会张开双手让小鸟飞走。

和尚于是拍拍小孩的肩膀说:"这只小鸟的死活,就全看你的了。"

我们绝不能因为自己是万物之灵长就可以像那个小孩一样任意将其他的生命握在手中,用我们的意志去决定它们的生死。

有一年,饥饿不堪的人们围了两个山头,要把这个范围的猴子赶尽杀绝,不为别的,就为了肚子,零星的野猪、麂子已经解决不了问题,饥肠辘辘的山民把目光转向了群体的猴子。两座山的树木几乎全被伐光,最终一千多人将三群猴子围困在一个不大的山包上。猴子的四周没有了树木,被黑压压的人群层层包围,插翅难逃。双方在对峙,那是一场心理的较量。猴群不动声色地在有限的林子里躲藏着，人在四周安营扎寨，还时不时地敲击响器，大声呐喊，不给猴群以歇息机会。三日以后，猴群已经精疲力竭，准备冒死突围，人也做好了准备，开始收网进攻。于是，小小的林子里展开了激战，猴的老弱妇孺开始向中间靠拢，以求存活；人的老弱妇孺在外围呐喊，造出声势，青壮进行厮杀，彼此都拼出全部力气浴血奋战，说到底都是为了活命。战斗整整进行了一个白天，黄昏的时候，林子里渐渐平息下来，无数的死猴被收集在一起，按人头进行分配。

那天，有两个老猎人没有参加分配，他们俩为了追击一只母猴来到被砍伐后的秃山坡上。母猴怀里紧紧抱着自己的崽，匆忙地沿着荒脊的山岭逃窜。两个老猎人拿着猎枪穷追不舍，他们是有经验的猎人，知道抱着两个崽的母猴跑不了多远。于是他们分头包抄，和母猴绕圈子，消耗它的体力。母猴慌不择路，最终爬上了空地上一棵孤零零的小树。这棵树太小了，几乎禁不住猴子的重量，绝对是砍伐者的疏忽，他根本没把它看成一棵树。上了树的母猴再无路可逃，它绝望地望着追赶到跟前的猎人，更坚定地搂住了它的崽。

绝佳的角度，绝佳的时机，两个猎人同时举起了枪。正要扣扳机，他们看到母猴突然做了一个手势，两人一愣，分散了注意力，就在犹豫间，只见母猴将背上的、怀中的小崽儿，一同搂在胸前，喂它们吃奶。两个小东西大约是不饿，吃了几口便不吃了。这时，母猴将它们搁在更高的树杈上，自己上上下下摘了许多树叶，将奶水一滴滴挤在叶子上，搁在小猴能够够到的地方。做完了这些事，母猴缓缓地转过身，面对着猎人，用前爪捂住了眼睛——

母猴的意思很明确：现在可以开枪了……

母猴的背后映衬着落日的余晖，一片凄艳的晚霞和群山的剪影在暮色中摇曳，两只小猴天真无邪地在树梢上嬉戏，全不知危险近在眼前。

猎人的枪放下了，永远地放下了……

对于人类，对于世俗社会，其伦理原则当为：不要危及被食用者的物种生存，不要赶尽杀绝，不要暴殄天物，不要无端地残害生命，也不要为满足自己那点好奇心或小情趣，就去囚禁生命。

幸福箴言

所谓善，不应该有人与动物之分，更不该有疆界为限。上天有好生之德。以己之心体谅动物之心，爱这世间的一切生命，是我们为人的大善。

拾
跳出心灵牢狱,不做烦恼的囚徒

过分地追求物质生活,就会受到来自于诸多方面烦恼的干扰,常常令我们身心疲惫、痛苦不堪,然而心病还需心药医,只有我们从内心摆脱这些烦恼的束缚,将它们全部抛开,才能让心灵得到真正的轻松。

心静自然凉

宁静是一种心境,幸福就是置身于喧嚣之中,你的心依然能够保持安宁……

其实,心外世界如何并不重要,重要的是我们的内心世界。因为,一个胸怀开阔的人,即便身居囹圄,亦可转境,将小小囚房视为大千世界;一个心思狭隘、欲念横流的人,即便拥有整座大厦,亦不会感到称心如意。

一个罪犯的"丑事"大白于天下,定罪以后遂被关押在某地区监狱。他的牢房非常狭小、阴暗,住在里面很是受拘束。罪犯内心充满了愤慨与不平,他认为这间小囚牢简直就是人间炼狱。在这种环境中,贪污犯所想的并不是如何认真改造,争取早日重新做人,而是每天都要怨天尤人,不停地叹息。

一天,牢房中飞进一只苍蝇,它"嗡嗡"地叫个不停,到处乱飞乱撞。罪犯原本就很糟糕的心情,被苍蝇搅得更加烦躁,他心想:我已经够烦了,你还来招惹我,真是气死人了,我一定要捉到你!他小心翼翼地捕捉,无奈苍蝇比他更机灵,每当快要被捉到时,它就会轻盈地飞走。苍蝇飞到东边,他就向东边一扑;苍蝇飞到西边,他又往西边一扑。捉了很久,依然无法捉到。最后,罪犯感慨地说道:"原来我的小囚房不小啊,居然连一只苍蝇都捉不到。"

感慨之余,罪犯突然领悟到,人生在世无论称意与否,若能做到心静，则万事皆可释怀，若能做到心静，自己也绝不至于身陷囹圄。其实他早该明白——"心中有事世间小，心中无事天地宽。"

俗话说的好"心静自然凉"。我们在遭遇问题、困难、挫折时，若能放平心态，以一颗平常心去迎接生活中的所有问题，则世界就会变得无限宽广。

曾闻人言：心灵的困窘，是人生中最可怕的贫穷。一个人，倘若脱离外界的刺激依然能够活得快乐自得，那么，他就能够守住内心的安宁与安详。然而，我们多是普通人，每日穿梭于嘈杂人流之中、置身于喧嚣的环境之下，又有几人能够做到任心清净呢？于是，很多人需要寄托于外界的刺激来感受自己的存在；于是便见得一些人沉溺于声色犬马之中，久久不能自拔；于是又见得一些人自诩为"隐者"，远避人群以求得安宁。殊不知，故意离开人群便是执著于自我，刻意去追求宁静实际是难得宁静，如此又怎能达到将自我与他人一同看待、将宁静与喧嚣一起忘却的境界呢？

求得内心的宁静在于心，环境则在其次。否则把自己放进真空罩子里不就真静无菌了吗？其实，这样的环境虽然宁静，假如不能忘却俗世事物，内心仍然是一团烦杂。何况既然使自己和人群隔离，同样表示你内心还存有自己、物我、动静的观念，自然也就无法获得真正的宁静和动静如一的主观思想，从而也就不能真正达到身心安宁的境界。

真正的心净之人，对于外界的嘈杂、喧嚣具有极强的免疫功能，他们耳朵根子听东西就像狂风吹过山谷造成巨响，过后却什么也没有留下；他们内心的境界就像月光照映在水中，空空如也不着痕迹。如此一来，世间的一切恩恩怨怨、是是非非，便都宣告消失了，这才是真正的物我两相忘。

当然，以现实状况来看，绝对的境界即人的感官不可能一点不

受外物的感染，但要提高自身的修养，加强意志锻炼，控制住自己的种种欲望，排除私心杂念，建立高尚的情操境界却是完全可能的。

那么就让我们从今开始，由己及彼，从心着手，净化灵魂，则我们必然会受益匪浅。

幸福箴言

"春有百花秋有月，夏有凉风冬有雪；若无闲事挂心头，便是人间好时节。"无论这世间如何变化，只要我们的内心不为外境所动，则一切是非、一切得失、一切荣辱都不能影响我们，而这种状态下，我们的内心世界将是无限宽广的。

此心常放平常处

此身常放在闲处，荣辱得失谁能差遣我；此身常在静中，是非利害谁能瞒昧我？

佛家修行的最高的境界是"空"，世间万事皆空，心如止水，荣辱不惊，其要点便在于修心。俗世人生的修炼也是如此，需要一份定力，不因荣而骄，亦不因辱躁，荣辱不惊，保持平常心。这是人生的一种境界，它不是平庸，它是来自灵魂深处的表白，是源于对现实清醒的认识。人生在世，不见得都会权倾四野和威风八面，也就是说最舒心的享受不一定是荣誉的满足，而是性情的安然与恬淡。因此说，荣辱不惊，用一颗平常心去对待、解析生活，就能领悟到生活的真谛。

居里夫人曾两度获得诺贝尔奖,她是怎么样对待自己的名誉呢?得奖出名之后,她照样钻进实验室里,埋头苦干,而把成功和荣誉的金质奖章给小女儿当玩具。有的客人见了感到非常惊讶。居里夫人却笑了笑说:"我要让孩子们从小就知道,荣誉就像玩具一样,只能玩玩罢了,绝不能永远地守着它,否则你将一事无成。"

在生活中,有的人却不是这样,他们稍微做出了点成绩,出了点名之后,便沾沾自喜起来,自以为功成名就了,就可以天天吃老本了,从此便失去了新的奋斗目标。这种做法是不足取的。鲁迅说:"自卑固然不好,自负也是不好的,容易停滞。我想顶好是不要自馁,总是干;但也不可自满,仍旧总是用功。"

《菜根谭》上说:"此身常放在闲处,荣辱得失谁能差遣我;此身常在静中,是非利害谁能瞒昧我。"意思是说,经常把自己的身心放在安闲的环境中,世间所有的荣华富贵和成败得失都无法左右我,经常把自己的身心放在安宁的环境中,人间的功名利禄和是是非非就不能欺骗蒙蔽我了。

在生活中随缘而安,纵然身处逆境,仍从容自若,以超然的心情看待苦乐年华,以平常的心情面对一切荣辱。平常心是一种人生的美丽,非淡泊无以明志,非宁静无以致远。不虚饰,不做作,襟怀豁然,洒脱适意的平常心态不仅给予你一双潇洒和洞穿世事的眼睛,同时也使你拥有一个坦然充实的人生。

在社会竞争日益激烈的今天,有一种平和的心态,对身体的健康和事业的成败都是至关重要的。当然,平常心是一种经历失败与挫折,不断奋斗努力,才能历练出的人生境界。它不为一切浮华沉沦,不为虚荣所诱。

时光荏苒,人生短暂。要快乐地品尝人生的盛宴,需要每个人拥

有一份荣辱不惊、不卑不亢的平常心态。即使身份卑微，也不必愁眉苦脸，要快乐地抬起头，尽情地享受阳光；即使没有骄人的学历，也不必怨天尤人，而要保持一种积极拼搏的人生态度；当我们出入豪华场所，用不着为自己过时的衣着而羞愧；遇见大款老板、高官名人，也用不着点头哈腰，不妨礼貌地与他们点头微笑。

我们用不着羡慕别人美丽的光环，只要我们拥有一份平和的心态，尽自己所能，选择自己的人生目标，勇敢地面对人生的各种挑战，无愧于社会、无愧于他人、无愧于自己，那么，我们的心灵圣地就一定会阳光灿烂，鲜花盛开。

荣辱不惊，是一种处世智慧，更是一门生活艺术。人生在世，生活中有褒有贬，有毁有誉，有荣有辱，这是人生的寻常际遇，不足为奇。古往今来无数事实证明，凡事有所成、业有所就者无不具有"荣辱不惊"这种极宝贵的品格。荣也自然，辱也自在，一往无前，否极泰来。

在现实生活中难免会遭到不幸和烦恼的突然袭击，有一些人，面对从天而降的灾难，处之泰然，总能使平常和开朗永驻心中；也有一些人面对突变而方寸大乱，甚至一蹶不振，从此浑浑噩噩。为什么受到同样的心理刺激，不同的人会产生如此大的反差呢？原因在于能否保持一颗平常心，荣辱不惊。

著名女作家冰心曾亲笔写下这样一句话："有了爱就有了一切。"看到这句话，不禁让人感到一种身心的净化，受到一种圣洁灵魂的感染。在冰心的身上，永远看到的是一个人生命力的旺盛，看到的是一颗跳动了近百年的、在思考、在奋斗的年轻、从容的心。动乱年间，冰心在中国作协扫了两年厕所，六十多岁的老人每天早上六点赶车上班。老了之后尽管行动不便，每早起床都大量阅报读刊，了解文坛动态，然后就握笔为文，小说、散文、杂文、自传、评论、序、跋，无所不写。在遗嘱里她还写下了这样的句子："我悄悄地来到这个世上，也愿意悄悄地离去。"

成功时不心花怒放、莺歌燕舞、纵情狂笑、失败时也绝不愁眉紧锁、茶饭不思、夜不能寐。拥有了一颗平常心，就拥有了一种超然，一种豁达，故达观者宠亦泰然，辱亦淡然。成功了，向所有支持者和反对者致以满足的微笑；失败了，转过身揩干痛苦的泪水。

实际上，生活就如同弹琴，弦太松弹不出声音，弦太紧会断，保持平常心才是悟道之本。古今中外的大多数伟人，他们沉着冷静，遇事不慌，及时应变，正确判断所处局势，取得了令人瞩目的成就。一般来说，人们只要不是处在疯狂或激怒的状态下，都能够保持自制并做出正确的决定。荣辱不惊的情绪，不仅平时可以给生活带来幸福稳定和畅快，而且能在大难临头的时候，帮助你转危为安、逢凶化吉。

生活中能保持一颗平常心不是一件很容易的事。在平常心的世界里，一切都被看得平平常常，即"宠辱不惊，看庭前花开花落，去留无意，望天空云卷云舒"。

当然，保持平常心绝不是安于现状。人类的伟大在于永不休止地追求和渴望，历史的嬗变在于千百万创造历史的人们永无休止地劳作。生命是一个过程，而生活是一条小舟。当我们驾着生活的小舟在生命这条河中款款漂流时，我们的生命乐趣，既来自对伟岸高山的深深敬仰，也来自于对草地低谷的切切爱怜；既来自于与惊涛骇浪的奋勇搏击，也来自于对细波微澜的默默深思。

幸福箴言

平常的生命、平常的生活升华后，就会变得不那么平常起来。因为，生命和生活是美丽的，这种美丽，恰恰蛰伏于最容易被我们忽略的平常中。没有珍惜平常的人，不会创造出惊天动地的伟业，

没有把平常日子过好的人，体味不到人生的幸福，因为平常孕育着一切，包容着一切，一切都蕴涵在平常之中。

我们不必缅怀昨天

相信，每个人都希望自己能如孩提时那般无忧无虑。那么我们就要像孩子一样善于淡忘——淡忘那些该淡忘的人、事、物。学会了淡忘，你就拥有了快乐的能力。

人的本性中有一种叫做记忆的东西，美好的容易记着，不好的则更容易记着。所以大多数人都会觉得自己不是很快乐。那些觉得自己很快乐的人是因为他们恰恰把快乐的记着，而把不快乐的忘记了。这种忘记的能力就是一种宽容，一种心胸的博大。生活中，常常会有许多事让我们心里难受。那些不快的记忆常常让我们觉得如梗在喉。而且，我们越是想，越会觉得难受，那就不如选择把心放得宽阔一点，选择忘记那些不快的记忆，这是对别人，也是对自己的宽容。

尤其是那些因一时的过错而造成的不幸和挫折，我们更不应耿耿于怀。"改过必生智慧，护短心内非贤"，意思有两个，一个是说知错能改善莫大焉，另一个就是让人们不要总停留在过去，过去的成功也罢，失败也好，都不能代表现在和未来。

唐代文学家、哲学家柳宗元对于禅学也颇有研究，他所作的《禅堂》一诗就暗藏着深刻禅理——

万籁俱缘生，杳然喧中寂。

心境本同如，鸟飞无遗迹。

这首诗是柳宗元被贬之后所作的，前两句诗的意思是，大自然的一切声响都是由因缘而生，那么，透过因缘，能够看到本体；在喧闹中，也能够感受到静寂。后两句意思是说，心空如洞，更无一物，所以就能不被物所染，飞鸟（指外物）掠过，也不会留下痕迹。它不仅写出了被贬之后的幽独处境，而且道出了禅学对这种心境的影响。

可以说人的一生由无数的片段组成，而这些片断可以是连续的，也可以是风马牛毫无关联的。说人生是连续的片断，无非是人的一生平平淡淡、无波无澜，周而复始地过着循环往复的日子；说人生是不相干的片断，因为人生的每一次经历都属于过去，在下一秒我们可以重新开始，可以忘掉过去的不幸、忘掉过去不如意的自己。

在雨果不朽的名著《悲惨世界》里，主人公冉·阿让本是一个勤劳、正直、善良的人，但穷困潦倒，度日艰难。为了不让家人挨饿，迫于无奈，他偷了一个面包，被当场抓获，判定为"贼"，锒铛入狱。

出狱后，他到处找不到工作，饱受世俗的冷落与耻笑。从此他真的成了一个贼，顺手牵羊，偷鸡摸狗。警察一直都在追踪他，想方设法要拿到他犯罪的证据，以把他再次送进监狱，他却一次又一次逃脱了。

在一个风雪交加的夜晚，他饥寒交迫，昏倒在路上，被一个好心的神父救起。神父把他带回教堂，但他却在神父睡着后，把神父房间里的所有银器席卷一空。因为他已认定自己是坏人，就应干坏事。不料，在逃跑途中，被警察逮个正着，这次可谓人赃俱获。

当警察押着冉·阿让到教堂，让神父辨认失窃物品时，冉·阿让绝望地想："完了，这一辈子只能在监狱里度过了！"谁知神父却

拾：跳出心灵牢狱，不做烦恼的囚徒

温和地对警察说:"这些银器是我送给他的。他走得太急,还有一件更名贵的银烛台忘了拿,我这就去取来!"

冉·阿让的心灵受到了巨大的震撼。警察走后,神父对冉·阿让说:"过去的就让它过去,重新开始吧!"

从此,冉·阿让洗心革面,重新做人。他搬到一个新地方,努力工作,积极上进。后来,他成功了,毕生都在救济穷人,做了大量对社会有益的事情。

冉·阿让正是由于摆脱了过去的束缚,才能重新开始生活、重新定位自己。

人们也常说,"好汉不提当年勇",同样,当年的辉煌仅能代表我们过去,而不代表现在。面对过去的辉煌也好、失意也罢,太放在心上就会成为一种负担,容易让人形成一种思维定式,结果往往令曾经辉煌过的人不思进取,而那些曾经失败过的人依然沉沦、堕落。然而这种状态并非是一成不变的——

有一天,有位大学教授特地向日本明治时代著名禅师南隐问禅,南隐只是以茶相待,却不说禅。

他将茶水注入这位来客的杯子,直到杯满,还是继续注入。这位教授眼睁睁地望着茶水不停地溢出杯外,再也不能沉默下去了,终于说道:"已经溢出来了,不要再倒了!"

"你就像这只杯子一样。"南隐答道,"里面装满了你自己的看法和想法。你不先把你自己的杯子倒掉,叫我如何对你说禅呢?"

人生就是如此,只有把自己"茶杯中的水"倒掉,才能让人生倒入新的"茶水"。

只是,世人很容易将欢乐的时光忘却,但却对哀愁情有独钟,这显然是对遗忘哀愁的一种抗拒。换而言之，人们习惯于淡忘生命中美好的一切，而对于痛苦的记忆，却总是铭记在心。难道是因为它给你记忆深刻才无法遗忘吗？

当然不是，这完全是出于你对过去的执着。其实，昨日已成昨日，昨日的辉煌与痛苦，都已成为过眼云烟，何必还要死死守着不放？倒掉昨日的那杯茶，这样你的人生才能洋溢出新的茶香。

幸福箴言

上天赐给我们很多宝贵的礼物，其中之一即是遗忘。不过，人们在过度强调记忆的好处以后，往往忽略了遗忘的重要性。其实很多东西，诸如无谓的烦恼，该忘就忘了吧，这样你才能过得轻松幸福。

光阴易逝，珍惜当下

人生最大的悲哀，不在于昨天失去太多，而是今日仍沉浸在昨天的悲哀之中。

史威福说："没有人活在现在，大家都活着为其他时间做准备。"所谓"活在现在"，就是指活在今天，今天应该好好地生活。这其实并不是一件很难的事，我们都可以轻易做到。

庞凯悦是某校一名普通的学生。她曾经沉浸在考入重点大学的

拾：跳出心灵牢狱，不做烦恼的囚徒

喜悦中，但好景不长，大一开学才两个月，她已经对自己失去了信心，连续两次与同学闹别扭，功课也不能令她满意，她对自己失望透了。

她自认为是一个坚强的女孩，很少有被吓倒的时候，但她没想到大学开学才两个月，自己就对大学四年的生活失去了信心。她曾经安慰过自己，也无数次试着让自己抱以希望，但换来的却只是一次又一次的失望。

以前在中学时，几乎所有老师跟她的关系都很好，很喜欢她，她的学习状态也很好，学什么像什么，身边还有一群朋友，那时她感觉自己像个明星似的。但是进入大学后，一切都变了，人与人的隔阂是那样的明显，自己的学习成绩又如此糟糕。现在的她很无助，她常常这样想：我并没比别人少付出，并不比别人少努力，为什么别人能做到的，我却不能呢？她觉得明天已经没有希望了，她想难道12年的拼搏奋斗注定是一场空吗？那这样对自己来说太不公平了。

进入一个新的学校，新生往往会不自觉地与以前相对比，而当困难和挫折发生时，产生"回归心理"更是一种普遍的心理状态。庞凯悦在新学校中缺少安全感，不管是与人相处方面，还是自尊、自信方面，这使她长期处于一种怀旧、留恋过去的心理状态中，如果不去正视目前的困境，就会更加难以适应新的生活环境、建立新的自信。

不能尽快适应新环境，就会导致过分的怀旧。一些人在人际交往中只能做到"不忘老朋友"，但难以做到"结识新朋友"，个人的交际圈也大大缩小。此类过分的怀旧行为将阻碍着你去适应新的环境，使你很难与时代同步。回忆是属于过去的岁月的，一个人应该不断进步。我们要试着走出过去的回忆，不管它是悲还是喜，不能让回忆干扰我们今天的生活。

一个人适当怀旧是正常的，也是必要的，但是因为怀旧而否认现在和将来，就会陷入病态。不要总是表现出对现状很不满意的样子，更不要因此过于沉溺在对过去的追忆中。当你不厌其烦地重复述说往事，述说着过去如何如何时，你可能忽略了今天正在经历的体验。把过多的时间放在追忆上，会或多或少地影响你的正常生活。

　　我们需要做的是尽情地享受现在。过去的再美好抑或再悲伤，那毕竟已经因为岁月的流逝而沉淀。如果你总是因为昨天而错过今天，那么在不远的将来，你又会回忆着今天的错过。在这样的恶性循环中，你永远是一个迟到的人。不如积极参与现实生活，如认真地读书、看报，了解并接受新生事物，积极参与改革的实践活动，要学会从历史的高度看问题，顺应时代潮流，不能老是站在原地思考问题。如果对新事物立刻接受有困难，可以在新旧事物之间寻找一个突破口，例如思考如何再立新功、再创辉煌，不忘老朋友、发展新朋友，继承传统、厉行改革等，寻找一个最佳的结合点，从这个点上做起。

　　隆萨乐尔曾经说过："不是时间流逝，而是我们流逝。"不是吗，在已逝的岁月里，我们毫无抗拒地让生命在时间里一点一滴地流逝，却做出了分秒必争的滑稽模样。

　　说穿了，回到从前也只能是一次心灵的谎言，是对现在的一种不负责的敷衍。

幸福箴言

　　有诗云："少年易学老难成，一寸光阴不可轻。未觉池塘春草梦，阶前梧叶已秋声。""世界上最宝贵的就是当下，最容易丧失的也是当下，因为它最容易丧失，所以更觉得它宝贵。"

　　过去已然过去，所以，不要一直把它放在心上。

懂得放下，才是智慧

其实，生活本该是一个轻松的课题，只是我们一直无法放下心中的累赘，将不该看重的东西看得太重，才会令生活变得如此复杂。

放下，是一种格局，是我们发展的必由之路。漫漫人生路，只有学会放下，才能轻装前进，才能不断有所收获。

一位少年背着一个砂锅赶路，不小心绳子断了，砂锅掉到地上摔碎了。少年头也不回地继续向前走。路人喊住少年问："你不知道你的砂锅摔碎了吗？"少年回答："知道。"路人又问："那为什么不回头看看？"少年说："既然碎了，回头有什么用？"说完，他又继续赶路。

故事中的少年是明智的，既然砂锅都碎了，回头看又有什么用呢？

人生中的许多失败也是同样的，已经无法挽回，惋惜悔恨于事无补，与其在痛苦中挣扎浪费时间，还不如重新找一个目标，再一次奋发努力。

人的一生，需要我们放下的东西很多。孟子说，鱼与熊掌不可兼得，如果不是我们应该拥有的，就果断放弃吧。几十年的人生旅途，有所得，亦会有所失，只有适时放下，才能拥有一份成熟，才会活得更加充实、坦然和轻松。

但是，在现实生活中，许多人放不下的事情实在太多了。比如做了错事，说了错话，受到上司和同事的指责，或者好心却让人误解，于是，心里总有个结解不开……总之，有的人就是这也放不下，那也放不下；想这想那，愁这愁那；心事不断，愁肠百结，结果损害了自身的健康和寿命。有的人之所以感觉活得很累，无精打采，未老先衰，就是因为习惯于将一些事情吊在心里放不下来，结果把自己折腾得既疲劳又苍老。其实，简单地说，让人放不下的事情大多是在财、情、名这几个方面。想透了，想开了，也就看淡了，自然就放得下了。

人们常说："举得起、放得下的是举重，举得起、放不下的叫作负重。"为了前面的掌声和鲜花，学会放下吧。放下之后，你会发现，原来你的人生之路也可以变得轻松和愉快。

生活有时会逼迫你不得不交出所有，不得不放走机遇。然而，有时放弃并不意味着失去，反而可能因此获得。要想采一束清新的山花，就得放弃城市的舒适；要想做一名登山健儿，就得放弃娇嫩白净的肤色；要想穿越沙漠，就得放弃咖啡和可乐；要想拥有简单的生活，就得放弃眼前的虚荣；要想在深海中收获满船鱼虾，就得放弃安全的港湾。

今天的放下，是为了明天的得到。干大事业者不会计较一时的得失，他们都知道如何放下、放下些什么。一个人倘若将一生的所得都背负在身，那么纵使他有一副钢筋铁骨，也会被压倒在地。

昨天的辉煌不能代表今天，更不能代表明天。我们应该学会放下：放下失恋带来的痛楚，放下屈辱留下的仇恨，放下心中所有难言的负荷，放下耗费精力的争吵，放下没完没了的解释，放下对权力的角逐，放下对金钱的贪欲，放下对虚名的争夺……凡是次要的、枝节的、多余的、该放下的，都应该放下。

幸福箴言

失恋了，总不能一直沉溺在忧郁与消沉的情境里，必须尽快放下；股票失利，损失了不少钱，当然心情苦闷，提不起精神，此时，也只有尝试去放下；期待已久的职位升迁，当人事令发布后竟然不是自己，情绪之低落可想而知，解决之道——只有强迫自己放下。

勿让烦恼牵着走

烦恼，注定是幸福生活的拦路虎。只是，倘若我们能够静下心来，细细品味那些已经流逝的日子，你就会发现，很多时候烦恼都是自找的。

在《坛经》中，慧能禅师曾一语道破"风动"与"幡动"的本质皆为"心动"。内心空明、不被外界所扰，这是坐禅者应该达到的基本境界，也是人们行事处世的快乐之本。

有这样一首名为《无题》的诗偈，正好诠释了慧能禅师的意思——

春有百花秋有月，夏有凉风冬有雪。
若无闲事挂心头，便是人间好时节。

此偈的首两句描写大自然的景致：春花秋月，夏风冬雪，皆是人间胜景，令人赏心悦目，心旷神怡。然而将话锋一转又说，世间偏偏有人不能欣赏当下拥有的美好，而是怨春悲秋，厌夏畏冬，或者是夏天里渴望冬日的白雪，而在冬日里又向往夏天的丽日，永无顺心遂意的时候。这是因为总有"闲事挂心头"，纠缠于琐碎的尘事，从而迷失了自我。只要放下一切，欣赏四季独具的情趣和韵味，用敏锐的心去感悟体会，不让烦恼和成见梗住心头，便随时随地可以体悟到"人间好时节"的佳境禅趣。

一个无名僧人，苦苦寻觅开悟之道却一无所得。这天他路过酒楼，鞋带开了。就在他整理鞋带的时候，偶然听到楼上歌女吟唱道："你既无心我也休……"刹那之间恍然大悟。于是和尚自称"歌楼和尚"。

"你既无心我也休"，在歌女唱来不过是失意恋人无奈的安慰：你既然对我没有感情，我也就从此不再挂念。虽然唱者无心，但是无妨听者有意。在求道多年未果的和尚听来，"你既无心我也休"却别有滋味。在他看来，所谓"你"意味着无可奈何的内心烦恼，看似汹涌澎湃，实际上却是虚幻不实，根本就是"无心"。既然烦恼是虚幻，那么何必去寻找去除烦恼的方法呢？

只要我们正在经历生活，就免不了会有一些事情占据藏在心间挥之不去，让我们吃不下、睡不着，然而这些事情却并非那些重要而让我们非装着不可的事情，只是我们庸人自扰罢了。

有一个年轻人从家里出门，在路上看到了一件有趣的事，正好经过一家寺院，便想考考老禅师。他说："什么是团团转？"

"皆因绳未断。"老禅师随口答道。

年轻人听了大吃一惊。

老禅师问道："什么事让你这样惊讶？"

"不，老师父，我惊讶的是，你是怎么知道的呢？"年轻人说，

拾：跳出心灵牢狱，不做烦恼的囚徒

213

"我今天在来的路上，看到了一头牛被绳子穿了鼻子，拴在树上，这头牛想离开这棵树，到草场上去吃草，谁知它转来转去，就是脱不开身。我以为师父没看见，肯定答不出来，却没想到你一口就说中了。"

老禅师微笑道："你问的是事，我答的是理；你问的是牛被绳缚而不得脱，我答的是心被俗务纠缠而不得解脱，一理通百事啊。"

年轻人大悟。

一只风筝，再怎么飞，也飞不上万里高空，因为被绳子牵住；一匹马再怎么烈，也摆脱不了任由鞭抽，是因为被绳子牵住。因为一根绳子，风筝失去了天空；因为一根绳子，水牛失去了草地；因为一根绳子，大象失去了自由；还是因为一根绳子，骏马无法驰骋。

细想想，我们的人生，不也常被某些无形的绳子牵着吗？某一阶段情绪不太好，是不是因为自己存在某种心结？这则故事是不是也能给你带来一些启示呢？

幸福箴言

人生中不如意事十之八九，得失随缘吧，不要过分强求什么，不要一味地去苛求些什么。世间万事转头空，名利到头一场梦，想通了，想透了，人也就透明了，心也就豁达了。名利是绳，贪欲是绳，嫉妒和偏狭也是绳，还有一些过分的强求也是绳。牵绊我们的绳子很多，一个人，只有摆脱这些心的绳索，才能享受到真正的幸福，才能体会到做人的乐趣。

别让孤独缠绕你

孤独是一种心结，能解开它的只有你自己。心态决定命运，以一种全新的心态去对待身边的人和事，或许你就会感到温暖许多、幸福许多。

这个世界上，每个人或多或少都会有一些孤独感。孤独是人生的一种无奈，尤其是内心的孤寂更为可怕。一些孤独的人远离人群，将自己内心紧闭，过着一种自怜自艾的生活，甚至有些人因此而导致性格扭曲，精神异常。

有一个女人，两年前丈夫不幸去世，她悲痛欲绝，自那以后，她便陷入了一种孤独与痛苦之中。"我该做些什么呢？"在丈夫离开她近一个月后的一天，她向医生求助，"我将住到何处？我还有幸福的日子吗？"

医生说："你的焦虑是因为自己身处不幸的遭遇之中，三十多岁便失去了自己生活的伴侣，自然令人悲痛异常。但时间一久，这些伤痛和忧虑便会慢慢减缓消失，你也会开始新的生活——走出痛苦的阴影，建立起自己新的幸福。"

"不！"她绝望地说道，"我不相信自己还会有什么幸福的日子。我已不再年轻，身边还有一个7岁的孩子。我还有什么地方可去呢？"她显然是得了严重的自怜症，而且不知道如何治疗这种疾病，好几年过去了，她的心情一直都没有好转。

其实，她并不需要特别引起别人的同情或怜悯。她需要的是重新建立自己的新生活，结交新的朋友，培养新的兴趣。而沉溺在旧的回忆里只能使自己不断地沉沦下去。

许多人总是让创伤久久地留在自己的心头，这样，他的心里怎么也难以明亮起来。实际上，只要自己能放下过去的包袱，同样可以找到新的爱情和友谊。爱情、友谊或快乐的时光，都不是一纸契约所能规定的。让我们面对现实，无论发生什么情况，你都有权利再快乐地活下去。但是，我们必须了解：幸福并不是靠别人施舍，而是要自己去赢取别人对你的需求和喜爱。

让我们再来看这样一个故事。

露丝的丈夫因脑瘤去世后，她变得郁郁寡欢，脾气暴躁，以后的几年，她的脸一直紧绷绷的。

一天，露丝在小镇拥挤的路上开车，忽然发现一幢房子周围竖起一道新的栅栏。那房子已有一百多年的历史，颜色变白，有很大的门廊，过去一直隐藏在路后面。如今马路扩展，街口竖起了红绿灯，小镇已颇有些城市的味道，只是这座漂亮房子前的大院已被蚕食得所剩无几了。

可泥地总是打扫得干干净净，上面绽开着鲜艳的花朵。一个系着围裙、身材瘦小的女人，经常会在那里，侍弄鲜花，修剪草坪。

露丝每次经过那房子，总要看看迅速竖立起来的栅栏。一位年老的木匠还搭建了一个玫瑰花阁架和一个凉亭，并漆成雪白色，与房子很相称。

一天她在路边停下车，长久地凝视着栅栏。木匠高超的手艺令她惊叹不已。她实在不忍离去，索性熄了火，走上前去，抚摸栅栏。它们还散发着油漆味。里面的那个女人正试图开动一台割草机。

"喂！"露丝一边喊，一边挥着手。

"嘿，亲爱的。"里面那个女人站起身，在围裙上擦了擦手。

"我在看你的栅栏。真是太美了。"

那位陌生的女子微笑道："来门廊上坐一会吧，我告诉你栅栏的故事。"

她们走上后门台阶，当栅栏门打开的那一刻，露丝欣喜万分，她终于来到这美丽房子的门廊，喝着冰茶，周围是不同寻常又赏心悦目的栅栏。"这栅栏其实不是为我设的。"那妇人直率地说道，"我独自一人生活，可有许多人来这里，他们喜欢看到真正漂亮的东西，有些人见到这栅栏后便向我挥手，几个像你这样的人甚至走进来，坐在门廊上跟我聊天。"

"可面前这条路加宽后，这儿发生了那么多变化，你难道不介意？"

"变化是生活中的一部分，也是铸造个性的因素，亲爱的。当你不喜欢的事情发生后，你面临两个选择：要么痛苦愤怒，要么振奋前进。"当露丝起身离开时，那位女子说："任何时候都欢迎你来做客，请别把栅栏门关上，这样看上去很友善。"

露丝把门半掩住，然后启动车子。内心深处有种新的感受，但是没法用语言表达，只是感到，在她那颗脆弱之心的四周，一道坚硬的围墙轰然倒塌，取而代之的是整洁雪白的栅栏。她也打算把自家的栅栏门开着，对任何准备走近她的人表示出友善和欢迎。

没有人会为你设限，人生真正的劲敌，其实是你自己。别人不会对你封锁沟通的桥梁，可是，如果你自我封闭，又如何能得到别人的友爱和关怀。走出自己的狭小的空间，敞开你的心门，用真心去面对身边的每一个人，收获友情的同时，你眼中的世界会更加美好。

所以说，一个孤独的人，若想克服孤寂，就必须远离自怜的阴影，勇敢走入充满光亮的人群里。我们要去认识人，去结交新的朋友。无论到什么地方，都要兴高采烈，把自己的欢乐尽量与别人分享。

幸福箴言

一个人如果不想深陷孤独，那么就要走出自己狭小的空间，学着主动敞开心扉，多与人交流、沟通，多找一些事情来做，让自己有所寄托，这样做会使孤独离你而去，心灵也就更加丰盈、更加悠然。

做个乐天派

或许，我们无法改变他人，但我们能够改变自己的心态。如果你能乐观地去看世界，这个世界就是美好的。其实，事情往往并不是我们想象的那么坏，我们应该拥有更好的生活。

生活给予每个人的快乐大致上是没有差别的：人生各有各的苦恼，各有各的快乐，只是看我们能够发现快乐，还是发现烦恼罢了。

白云禅师作过一首名为《蝇子透窗偈》的感悟偈。

为爱寻光纸上钻，不能透处几朵难。

忽然撞着来时路，始觉平生被眼瞒。

从表面意义上看，白云禅师的这首诗偈可以这样理解：苍蝇喜欢朝光亮的地方飞。如果窗上糊了纸，虽然有光透过来，可苍蝇却左突右撞飞不出去，直至找到了当初飞进来的路，才得以飞了出去，也才明白原来是被自己的眼睛骗了。苍蝇放着洞开无碍的"来时路"不走，偏要钻糊上纸的窗户，实在是徒劳无益，白费工夫。

这首诗偈通俗易懂却又意喻深刻，诗中的"来时路"喻指每个人的生活都有值得去品味的地方，只可惜往往不加以注意罢了。而"被眼瞒"一句更是深有寓意，意指人们常常被眼前一些表面的现象所欺骗，无法发现生活的真滋味。此偈选取人们常见的景象，语意双关、暗藏机锋，启迪世人不要受肉眼蒙蔽，而要用心灵去体会那些生活中，通常被人们忽略而又美丽的瞬间。

一位哲学家不小心掉进了水里，被救上岸后，他说出的第一句话是：呼吸空气是一件多么幸福的事情。空气，我们看不到，日常生活中也很少意识到，但失去了它，你才发现，它对我们是多么重要。据说后来那位哲学家活了整整一百岁，临终前，他微笑着、平静地重复那句话："呼吸是一件幸福的事。"言外之意，活着是一件幸福的事。

生活中的快乐无处不在，而在于如何去体会，倘若用心体会便不难感受。生活的幸福是对生命的热情，为自己的快乐而存在，在那些看似无法逾越的苦难面前，依然能够仰望苍穹，快乐便会永远伴随左右。

某人是个十足的乐天派，同事、朋友几乎没见他发过愁。大家对此大感不解，若以家境、工作来论，他都算不上好，为什么却总是一脸的快乐呢？

一位同事按耐不住好奇，问道："如果你丢失了所有朋友，你还会快乐吗?"

"当然,幸亏我丢失的是朋友,而不是我自己。"

"那么,假如你妻子病了,你还会快乐吗?"

"当然,幸亏她只是生病,不是离我而去。"

同事大笑:"如果你遇到强盗,还被打了一顿,你还笑得出来吗?"

"当然,幸亏只是打我一顿,而没有杀我。"

"如果理发师不小心刮掉了你的眉毛?……"

"我会很庆幸,幸亏我是在理发,而不是在做手术。"

同事不再发问,因为他已经找到快乐的根源——他一直在用"幸亏"驱赶烦恼。

乐观的人无论遭遇何种困难,总是会为自己找到快乐的理由,在他们看来,没什么事情值得自己悲伤凄戚,因为还有比这更糟的,至少"我"不是最倒霉的那一个。相反,悲观的人则显得极度脆弱,哪怕是芝麻绿豆大的小事,也会令他们长吁短叹,怨天尤人,所以他们很难品尝到快乐的滋味。

其实,任何事情,有其糟糕的一面,就必有其值得庆幸的一面,如果你能将目光放在"好"的一面上,那么,无论遇到何种困难,你都能够坦然以对。

只要你愿意,你就会在生活中发现和找到快乐——痛苦往往是不请自来,而快乐和幸福往往需要人们去发现、去寻找。

很显然,如果我们不能用心去体会生活中的那部分快乐,同样,如果缺乏珍惜之心也很难意识到快乐的所在,有时甚至连正在经历的快乐都会失去。正如一位哲学家曾说过的:快乐就像一个被一群孩子追逐的足球,当他们追上它时,却又一脚将它踢到更远的地方,然后再拼命地奔跑、寻觅。

人们都追求快乐，但快乐不是靠一些表面的形式来获得或者判定的，快乐其实来源于每个人的心底。

生活中的情趣是靠心灵去体会的。去掉繁杂，我们的心会更简单，得到更多的快乐。生命短暂，找到自己的快乐才是本质，用心去体会生活，你做得到吗？

幸福箴言

痛苦和烦恼是噬咬心灵的魔鬼，如果你不用快乐将它们驱赶出去，必然会受其所害。当遭遇不幸之时，我们不妨多对自己说几个"幸亏"，情况一定会有所好转。

拾：跳出心灵牢狱，不做烦恼的囚徒

拾壹
不要过度忙碌，简单其实就是幸福

生活似乎总喜欢和人们开玩笑，在物质匮乏的年代，我们想复杂，但真的复杂不起来。今日，我们想简单，又觉得简单是那样难，于是乎，很多人开始觉得活得有点累。只是大家没有意识到，生活中有些"累"是完全可以消除的，只要我们降低自己的欲望，不去追逐所谓的"现代生活"，或许你就会轻松许多。人世间的事，刻意去做往往事与愿违，不在意时却又"得来全不费工夫"。所谓"世间本无事，庸人自扰之"，对俗务琐事的过分关注，患得患失，其实正是我们烦恼的根源所在。

其实幸福很简单

其实，知足便能常乐不必再去刻意追逐。为了多余的东西去拼命奔波，对世界的美丽熟视无睹，无异于是在忽视幸福。

幸福是一种内心的满足感，是一种难以形容的甜美感受。它与金钱地位无关，只在于你是否拥有平和的内心、和谐的思想。

一个充满嫉妒想法的人是很难体会到幸福的，因为他的不幸和别人的幸福都会使他自己万分难受；一个虚荣心极强的人是很难体会到幸福的，因为他始终在满足别人的感受，从来不考虑真实的自我；一个贪婪的人是很难体会到幸福的，因为他的心灵一直都在追求，而根本不会去感受。

幸福是不能用金钱去购买的，它与单纯的享乐格格不入。比如你正在大学读书，每月只有七八十元钱，生活相当清苦，但却十分幸福。过来人都知道，同学之间时常小聚，一瓶二锅头、一盘花生米、半斤猪头肉，就会有说有笑，彼此交流读书心得，畅谈理想抱负，那种幸福之感至今仍刻骨铭心，让人心驰神往。昔日的那种幸福，今天无论花多少钱都难以获得。

一群西装革履的人吃完鱼翅鲍鱼笑眯眯地从五星级酒店里走出来时，他们的感觉可能是幸福的。而一群外地民工在路旁的小店里，就着几碟小菜，喝着啤酒，说说笑笑，你能说他们不幸福吗？

因此，幸福不能用金钱的多少去衡量，一个人很有钱，但不见得很幸福。因为，他或者正担心别人会暗地里算计他，或者为取得更多的名利而处心积虑。许多人全心全力追求金钱，认为有了钱就可以得到一切，事实证明，那只是傻子的想法。

其实，幸福并不仅仅是某种欲望的满足，有时欲望满足之后，体验到的反而是空虚和无聊，而内心没有嫉妒、虚荣和贪婪，才可能体验到真正的幸福。

湖北的一个小县城里，有这样一家人，父母都老了，他们有三个女儿，只有大女儿大学毕业有了工作，其余的两个女儿还都在上高中，家里除了大女儿的生活费可以自理外，其余人的生活压力都落在了父亲肩上。但这一家人每个人的感觉都是快乐的。晚饭后，父母一同出去散步，和邻居们拉家常，两个女儿则去学校上自习。到了节日，一家人团聚到一块儿，更是其乐融融。家里时常会传出孩子们的打闹声、笑声，邻居们都羡慕地说："你们家的几个闺女真听话，学习又好。"这时父母的眼里就满是幸福的笑。其实，在这个家里，经济负担很重，两个女儿马上就要考大学，需要一笔很大的开支。家里又没有一个男孩子做顶梁柱，但女儿们却能给父母带来快乐，也很孝敬。父母也为女儿们撑起了一片天空，让她们在飞出家门之前不会感受到任何凄风冷雨。所以，他们每个人都是快乐和幸福的。

古人李渔说得好："乐不在外而在心，心以为乐，则是境皆乐，心以为苦，则无境不苦。"意思是：一个人是否幸福不在于自己外在情况怎样，而在于内在的想法。如果你有积极的想法，即使是日常小事，你也会从中获得莫大的幸福；倘若你消极思考，那么任何事情都会让你感到痛苦。

苏轼说："月有阴晴圆缺，人有悲欢离合，此事古难全。"既然"古难全"，为什么你不去想一想让自己快乐的事，而去想那些不快乐的事？一个人是否感觉幸福，关键在于自己的想法。

法国雕塑家罗丹说过："对于我们的眼睛，不是缺少美，而是缺少发现。"生活里有着许许多多的美好、许许多多的快乐，关键在于你能不能发现它。

如果今天早上你起床时身体健康，没有疾病，那么你比几百万的有病之人更幸运，因为他们中有的甚至看不到下周的太阳了。如果你父母双全，没有离异，且同时满足上面的这些条件，那么你的确是那类很幸运的地球人。

幸福箴言

以工作为乐，热爱生活中一切美好的事物；去跳舞、去唱歌，生活便是天堂。这样，你就会感到你是幸福的人！

清点你的背包

生命就如同一次旅行，背负的东西越少，越能发挥自己的潜能。你可以列出清单，决定背包里该装些什么才能帮助你到达目的地。

我们一定有过年前大扫除的经历吧。当你一箱又一箱地打包时，一定会很惊讶自己在过去短短一年内，竟然累积了这么多的东西。然后懊悔自己为何事前不花些时间整理，淘汰一些不再需要的东西，如果那么做了，今天就不会累得你连脊背都直不起来。

大扫除的懊恼经验，让很多人懂得一个道理：人一定要随时清扫、淘汰不必要的东西，日后才不会变成沉重的负担。

人生又何尝不是如此！在人生路上，每个人不都是在不断地累积东西？这些东西包括你的名誉、地位、财宝、亲情、人际关系、健康等，当然也包括了烦恼、苦闷、挫折、沮丧、压力等。这些东西，有的早该丢弃而未丢弃，有的则是早该储存而未储存。

在人生道路上，我们几乎随时随地都得做自我"清扫"。念书、出国、就业、结婚、离婚、生子、换工作、退休……每一次挫折，都迫使我们不得不"丢掉旧我，接纳新我"，把自己重新"扫"一遍。

不过，有时候某些因素也会阻碍我们放手进行扫除。譬如：太忙、太累，或者担心扫完之后，必须面对一个未知的开始，而你又不能确定哪些是你想要的。万一现在丢掉了，将来又捡不回来怎么办？

的确，心灵清扫原本就是一种挣扎与奋斗的过程。不过，你可以告诉自己：每一次的扫，并不表示这就是最后一次。而且，没有人规定你必须一次全部扫干净。你可以每次扫一点，但你至少应该丢弃那些会拖累你的东西。

我们甚至可以为人生做一次归零，清除所有的东西，从零开始。有时候归零是那么难，因为每一个要被清除的数字都代表着某种意义；有时候归零又是那么容易，只要按一下键盘上的删除键就可以了。

年轻的时候，娜塔莎比较贪心，什么都追求最好的，拼了命想抓住每一个机会。有一段时间，她手上同时拥有13个广播节目，每天忙得昏天暗地。

事情都是双方面的，所谓有一利必有一弊，事业越做越大，压力也越来越大。到了后来，娜塔莎发觉拥有更多不是乐趣，反而是

一种沉重的负担。她的内心始终有一种强烈的不安全感笼罩着。

1995年"灾难"发生了，她独资经营的传播公司被恶性倒账四五千万美元，交往了7年的男友和她分手……一连串的打击直袭而来，就在极度沮丧的时候，她甚至考虑结束自己的生命。

在面临崩溃之际，她向一位朋友求助："如果我把公司关掉，我不知道我还能做什么？"朋友沉吟片刻后回答："你什么都能做，别忘了，当初我们都是从'零'开始的！"

这句话让她恍然大悟，也让她重新有了勇气："是啊！我本来就是一无所有，既然如此，又有什么好怕的呢？"就这样念头一转，没有想到在短短半个月之内，她连续接到两笔大的业务，濒临倒闭的公司起死回生，又重新走上了正常轨道。

历经这些挫折后，娜塔莎体悟到人生变化无常的一面：费尽了力气去追求，虽然勉强得到，但最后还是留不住；反而是一旦"归零"了，随之而来的是更大的能量。

她学会了"舍"。为了简化生活，她谢绝应酬，搬离了150平方大的房子。索性以公司为家，挤在一个10平米不到的空间里，淘汰不必要的家当，只留下一张床、一张小茶几，还有两只作伴的狗儿。

其实，一个人需要的东西非常有限，许多附加的东西只是徒增无谓的负担而已。简单一点，人生反而更踏实。

幸福箴言

想要归零，并不像想象中那么容易，但是，背负的东西太多，只会让你不堪重负。所以请记住，在每一次停泊时都要清理自己的口袋，什么该丢，什么该留，把更多的位置空出来，让自己轻松起来。

简单的生活，快乐的源头

简单，每每能找到生活的快乐，平凡是人生的主旋律，简单则是生活的真谛。

幸福与快乐源自内心的简约，简单使人宁静，宁静使人快乐。人心随着年龄、阅历的增长而越来越复杂，但生活其实十分简单。保持自然的生活方式，不因外在的影响而痛苦抉择，便会懂得生命简单的快乐。

世界上的事，无论看起来是多么复杂神秘，其实道理都是很简单的，关键在于是否看得透。生活本身是很简单的，快乐也很简单，是人们自己把它们想得复杂了，或者人们自己太复杂了，所以往往感受不到简单的快乐，他们弄不懂生活的意味。

睿智的古人早就指出："世味浓，不求忙而忙自至。"所谓"世味"，就是尘世生活中为许多人所追求的舒适的物质享受、为人欣羡的社会地位、显赫的名声，等等。今日的某些人追求的"时髦"，也是一种"世味"，其中的内涵说穿了，也不离物质享受和对社会地位的尊崇。

可怜一些人在电影、电视节目以及广告的强大鼓动下，"世味"一"浓"再"浓"，疯狂地紧跟时髦生活，结果"不知不觉地陷入了金融麻烦中"。尽管他们也在努力工作，收入往往也很可观，但收入永远也赶不上层出不穷的消费产品的增多。如果不克制自己的消费，不适当减弱浓烈的"世味"，他们就不会有真正的快乐生活。

菲律宾《商报》登过一篇文章。作者感慨她的一位病逝的朋友一生为物所役,终日忙于工作、应酬,竟连孩子念几年级都不知道,留下了最大的遗憾。作者写道,这位朋友为了累积更多的财富,享受更高品质的生活,终于将健康与亲情都赔了进去。那栋尚在交付贷款的上千万元的豪宅,曾经是他最得意的成就之一。然而豪宅的气派尚未感受到,他却已离开了人间。作者问:"这样汲汲营营追求身外物的人生,到底快乐何在?"

这位朋友显然也是属"世味浓"的一族,如果他能把"世味"看淡一些,像许多人那样"住在恰到好处的房子里,没有一身沉重的经济负担,周末休息的时候,还可以一家大小外出旅游,赏花品草……"这岂不是惬意的生活?

生活简单,没有负担,这是一句电视广告词,但用在人的一生当中却再贴切不过了。与其困在财富、地位与成就的迷惘里,还不如过着简单的生活,舒展身心,享受用金钱也买不到的满足来得快乐。

简单的生活是快乐的源头,它为我们省去了欲求不得满足的烦恼,又为我们开阔了身心解放的快乐空间!

简单就是剔除生活中繁复的杂念、拒绝杂事的纷扰;简单也是一种专注,叫作"好雪片片,不落别处"。生活中经常听一些人感叹烦恼多多,到处充满着不如意;也经常听到一些人总是抱怨无聊,时光难以打发。其实,生活是简单而且丰富多彩的,痛苦、无聊的是人们自己而已,跟生活本身无关;所以是否快乐、是否充实就看你怎样看待生活、发掘生活。如果觉得痛苦、无聊、人生没有意思,那是因为不懂快乐的原因!

快乐是简单的,它是一种自酿的美酒,是自己酿给自己品尝的;它是一种心灵的状态,是要用心去体会的。简单地活着,快乐地活着,你会发现快乐原来就是:"众里寻他千百度,蓦然回首,那人却在灯火阑珊处。"

幸福箴言

简单的生活，快乐的源头，为我们省去了汲汲于外物的烦恼，又为我们开阔了身心解放的快乐空间。"简单生活"并不是要你放弃追求，放弃劳作，而是要我们抓住生活、工作中的本质及重心，以四两拨千斤的方式，去掉世俗浮华的琐务。

俗务本多，何苦再背负太多

俗务本多，你又何苦让自己背负更多？为心灵做一次扫除，卸下负累，在人生路上你就会走得更快，就能尽早地接触到生命的真意。

当你发现自己被四面八方的各种琐事捆绑得动弹不得的时候，难道你不想知道是谁造成今天这个局面？是谁让你混乱不已？答案很明白——是你，不是别人。混乱中忙碌着的你我，必须学会割舍，才能清醒地活着，也才能享受更大的自由。

大家都有这样的体验：从早到晚忙忙碌碌，没有一点空闲，但当你仔细回想一下，又觉得自己这一天并没有做什么事。这是因为我们花了很多时间在一些无谓的小事上，无休止的忙碌只会让我们失去自由。

《时代》杂志曾经报道过一则封面故事"昏睡的美国人"，大概的意思是说：很多美国人都很难体会"完全清醒"是一种什么样的感觉。因为他们不是忙得没有空闲，就是有太多做不完的事。

美国人终年"昏睡不已"，听起来有点不可思议。不过，这并不

拾壹：不要过度忙碌，简单其实就是幸福

231

是好玩的笑话,这是极为严肃的话题。

　　仔细想一想,你一年之中是不是也像美国人一样,没多少时间是"清醒"的?每天又忙又赶,熬夜、加班、开会,还有那些没完没了的家务,几乎占据了你所有的时间。有多少次,你可以从容地和家人一起吃顿晚饭?有多少个夜晚,你可以不担心明天的业务报告,安安稳稳地睡个好觉?应接不暇的杂务明显成为日益艰巨的挑战。许多人整日行色匆匆,疲惫不堪。放眼四周,"我好忙"似乎成为一般人共同的口头禅,忙是正常,不忙是不正常。试问,还有能在行程表上挤出空档的人吗?

　　奇怪的是,尽管大多数人都已经忙昏了,每天为了"该选择做什么"而无所适从,但绝大多数的人还是认为自己"不够"。这是最常听见的说法,"我如果有更多的时间就好了"、"我如果能赚更多的钱就好了",好像很少听到有人说:"我已经够了,我想要的更少!"

　　事实上,太多选择的结果,往往是变成无可选择。即使是芝麻绿豆大的事,都在拼命消耗人们的精力。根据一份调查,有 **50%** 的美国人承认,每天为了选择医生、旅游地点、该穿什么衣服而伤透脑筋。

　　如果你的生活也不自觉地陷入这种境地,你该怎没办?以下有三种选择:第一,面面俱到。对每一件事都采取行动,直到把自己累死为止;第二,重新整理。改变事情的先后顺序,重要的先做,不重要的以后再说;第三,丢弃。你会发现,丢掉的某些东西,其实是你一辈子都不会再需要的。

　　天空广阔能盛下无数的飞鸟和云,海湖广阔能盛下无数的游鱼和水草,可人并没有天空开阔的视野,也没有海湖广阔的胸襟,要想能有足够轻松自由的空间,就得抛去琐碎的繁杂之物,比如无意义的烦恼、多余的忧愁、虚情假意的阿谀、假模假式的奉承……如果把人生比作一座花园，这些东西就是无用的杂草，我们要学会将这些杂草铲除。

弘一法师出家前的头一天晚上，与自己的学生话别。学生们对老师能割舍一切遁入空门既敬仰又觉得难以理解，一位学生问："老师为何而出家？"

法师淡淡答道："无所为。"

学生进而问道："忍抛骨肉乎？"

法师给出了这样的回答："人世无常，如暴病而死，欲不抛又安可得？"

世上人，都深知"放下"的重要性。可是真能做到的，能有几人？如弘一法师这般放下令人艳羡的社会地位与大好前途、离别妻子骨肉的，可谓少之又少。

我们生活在世界上，被诸多事情拖累，事业、爱情、金钱、子女、财产、学业……这些东西看起来都那么重要，一个也不可放下。要知道，什么都想得到的人，最终可能会为物所累，导致一无所有。只有懂得放弃的人，才能达到人生至高的境界。

当我们面临选择时，必须学会放弃。弘一法师为了更高的人生追求，毅然决然地放下了一切。丰子恺在谈到弘一法师为何出家时做了如下分析："我以为人的生活可以分作三层：一是物质生活，二是精神生活，三是灵魂生活。物质生活就是衣食；精神生活就是学术文艺；灵魂生活就是宗教——'人生'就是这样一座三层楼。懒得（或无力）走楼梯的，就住在第一层，即把物质生活弄得很好，锦衣玉食、尊荣富贵、孝子慈孙，这样就满足了——这也是一种人生观，抱这样的人生观的人在世间占大多数。其次，高兴（或有力）走楼梯的，就爬上二层楼去玩玩，或者久居在这里头——这就是专

心学术文艺的人，这样的人在世间也很多，即所谓'知识分子'、'学者'、'艺术家'。还有一种人，'人生欲'很强，脚力大，对二层楼还不满足，就再走楼梯，爬上三层楼去——这就是追求精神层面了。他们做人很认真，满足了'物质欲'还不够，满足了'精神欲'还不够，必须探求人生的究竟；他们以为财产子孙都是身外之物，学术文艺都是暂时的美景，连自己的身体都是虚幻的存在；他们不肯做本能的奴隶，必须追究灵魂的来源、宇宙的根本，这才能满足他们的'人生欲'。"

丰子恺认为，弘一法师为了探知人生的究竟、登上灵魂生活的层楼，把财产、子孙都当做身外物，轻轻放下，轻装前行。这是一种气魄，是凡夫俗子难以领会的情怀。

幸福箴言

我们每个人都是背着背囊在人生路上行走，负累的东西少，走得快，就能尽早接触到生命的真意。遗憾的是，我们想要的东西太多太多了，自身无法摆脱的负累还不够，还要给自己增添莫名的烦忧。事实上，若想生活过得更幸福一些，我们就一定要减除自己身上的冗余重负。

幸福还需在平淡中体会

幸福是平淡的，在你尚未察觉时，已然就在身边。幸福犹如午夜繁星，隐隐约约，闪闪烁烁；幸福犹如皎月清辉，铺满房间，何其淡然。

"人生的真理,只是藏在平淡无味中。"是的,平淡是真,这就是生活。人生的每一个开始,都始于平淡,最终又归于平淡,可以说平淡就是我们的归宿。平淡并不排斥伟大,可无论你是如何的伟大,最终都要回归于平淡之中。返璞归真,这是人生的一种至高境界。

所以,无论我们做什么、无论我们志向何其高远,心,还是平淡一些好。于人、于事、于物,倘若都能持一颗平常心,我们的人生就会轻松许多、快乐许多。

其实,平淡并不意味着平庸。小草平淡,不事张扬,却用坚韧的生命铺就了绿色世界;水滴平淡,状似柔弱,却有恒心将顽石洞穿;父母之爱平平淡淡,却能使钢骨硬汉潸然泪下……平淡其实是一种宁静的幸福,是一种不可错过的享受。以一颗平淡心去看世界,你会发现这世界原来美不胜收,那看似平淡的生活实则处处绚丽多彩。

平淡需要广阔的心胸,当你拥有了一颗平淡心以后,你也就拥有了宁静与淡泊、幸福与从容。

发生在人与人之间的爱情亦如是。

有一种爱情像烈火般的燃烧,刹那间放射出的绚丽光芒,能将两颗心迅速融化;也有一种爱情像春天的小雨,悄无声息地滋润着对方的心灵。前者激烈却短暂,后者平淡却长久。其实,生活的常态是平淡中透着幸福,爱情归于平淡后的生活虽然朴实但很温馨。

爱不在于瞬间的悸动,而在于共同的感动与守候。

那年情人节,公司的门突然被推开,紧接着两个女孩抬着满满一篮玫瑰走了进来。

"请萌萌小姐签收一下。"其中一个女孩礼貌地说道。

办公室的同事们都看傻眼了,那可是满满一篮"蓝色妖姬",这位仁兄还真舍得花钱。正在大家发怔之际，萌萌打开了花篮上的录音贺卡："萌萌，愿我们的爱情如玫瑰一般绚丽夺目、地久天长——深爱你的峰。"

"哇塞！太幸福了！"办公室开始嘈杂起来，年轻女孩子都围着萌萌调侃，眼中露出难以掩饰地美慕光芒。

年过30的女主管看着这群丫头微笑着，眼前的景象不禁让她想起了自己的恋爱时光。

老公为人有些木讷，似乎并不懂得浪漫为何物，她和他恋爱的第一个情人节，别说满满一篮玫瑰，他甚至连一枝都没有买。更可气的是，他竟然送了她一把花伞，要知道"伞"可代表着"散"的意思。她生气，索性不理他，他却很认真地表白："我之所以送你花伞，是希望自己能像这伞一样，为你遮挡一辈子的风雨！"她哭了，不是因为生气，而是因为感动。

爱是什么？它就是平凡的生活中，不时溢出的那一缕缕幽香。

诚然，若以价钱而论，一把花伞远不及一篮玫瑰来得养眼，但在懂爱的人心中，它们拥有同样的内涵，它们同样是那般浪漫。

爱，不应以车、房等物质为衡量标准；在相爱的人眼中，不应有年老色衰、相貌美丑之分。爱是文君结庐当垆的执着与洒脱，爱是孟光举案齐眉的尊重与和谐，爱是口食清粥却能品出甘味的享受与恬然，爱是"执子之手，与之携老"的生死契阔。在懂爱的人心中，爱俨然可以超越一切的世俗纷扰。

这就是爱情，不必刻意追求什么轰轰烈烈的感觉；生活的点滴之中，就有一种"执子之手，与子偕老"的默契。细水长流的爱情，像春风拂过，轻轻柔柔，一派和煦，让人沉醉入迷。

爱的故事又何止千万？其中不乏欣喜、不乏悲戚；不乏圆满、不乏遗憾。那么，看过下面这个故事，不知大家从中能够领会到什么。

雍容华贵、仪态万千的公主爱上了一个小伙子，很快，他们踩着玫瑰花铺就的红地毯步入了婚姻殿堂。故事从公主继承王位、成为权力威慑无边的女王说起。

随着岁月的流逝，女王渐渐感到自己衰老了，花容月貌慢慢褪却，不得不靠一层又一层的化妆品换回昔日的风采。"不，女王的尊严和威仪绝不能因为相貌的委靡而减损丝毫！"女王在心中给自己下达了圣旨，同时她也对所有的臣民，包括自己的丈夫下达了近乎苛刻的规定：不准在女王没化妆的时候偷看女王的容颜。

那是一个非常迷人的清晨，和风怡荡，柳绿花红，女王的丈夫早早起床在皇家园林中散步。忽然，随着几声悦耳的啁啾鸟鸣，女王的丈夫发现树端一窝小鸟出世了。多么可爱的小鸟啊！他再也抑制不住内心的喜悦，飞跑进宫，一下子推开了女王的房门。女王刚刚起床，还没来得及洗漱，她猛然一惊，仓促间回过一张毫无粉饰的白脸。

结局不言而喻，即使是万众敬仰的女王的丈夫，犯下了禁律，也必须与庶民同罪——偷看女王的真颜只有死路一条。

女王的心中充满了悲哀，她不忍心丈夫因为一时的鲁莽和疏忽而惨遭杀害，但她又绝不能容忍世界上任何一个人知道她不可告人的秘密。斩首的那一天，女王泪水涟涟地去探望丈夫，这些天来，女王一直渴望知道一件事，错过今日，也就永远揭不开谜底了。终于，女王问道："没有化妆的我，一定又老又丑吧？"

女王的丈夫深情地望着她说："相爱这么多年，我一直企盼着你能够洗却铅华，甚至摘下皇冠，让我们的灵魂赤诚相融。现在，我终于看到了一个真实的妻子，终于可以以一个丈夫的胸怀爱她的一切美好和一切缺欠。在我的心中，我的妻子永远是美丽的，我是一个多么幸福的丈夫啊！"

故事最后的结局呢？显然已不重要！它让我们知道，真正的爱情可以穿越外表的浮华，直达心灵深处。然而，喜爱猜忌的人们却在人与人之间设立了太多屏障，乃至于亲人、爱人之间也不能坦然相对。除去外表的浮华，卸去心灵的伪装，才可以实现真正的人与人的融合。

当一生的浮华都化作云烟，一世的恩怨都随风飘散，若能依旧两手相牵，又何惧姿容褪尽、鬓染白霜……耀眼的烟花确实很美，可那瞬间的绽放之后，就不再留存任何开放的痕迹。平淡之中的况味才值得细细体味。因为那才是生活真实的滋味。然而，这滋味又有几人能体会？

世界的多姿多彩，令我们被激情欲望所支配，似乎迷失了生活的方向，因而演绎着一幕幕的闹剧。激情过后，便会对已有爱情做出新的评定，认为它是那样索然无味，而幸福似乎也被柴米油盐磨得支离破碎。所以，我们总是渴望生活中多一些激情，甚至渴盼着一次美丽的邂逅，却不知珍惜眼前人。这个人，尽管你贫穷落寞、尽管你卧床难起，都会在你身边默默守候；这个人，或许只是在你失意时给你一个安慰，或许只是默默听着你的唠叨，但却为你倾注了最深的爱。只是，他离你太近，你反而感觉不到。不过，当我们经历了人生的种种闹剧以后，开始以成熟的心态去品读生活时，你便会发现，原来那个平淡的人才是上天给予你最大的恩赐，原来，平淡的生活才是我们最想要的。

"执子之手，与子偕老"，这便是平淡的爱情；"我能想到最浪漫的事，就是和你一起慢慢变老。收藏起点点滴滴的心事，留到以后和你慢慢聊"，这就是平淡的婚姻，可它却总是这般令人感动。

爱情的至高境界就是要经得起平淡的流年。人与人之间的爱情，其实在最普通、最平淡时不经意擦出的火花才最纯洁、最美丽、最珍贵。

平淡就是幸福。虽然人们对于幸福的解读有所不同，但毋庸置疑，人世间的事，无论爱情、无论其他，在经历过轰轰烈烈以后，都将趋于平淡。所以说，平淡才是人生的真意、才是最后的绝唱，亦正如歌词中唱到"曾经在幽幽暗暗反反复复中追问，才知道平平淡淡从从容容才是真"……

只是，现代人追逐的太多，关注内心太少，都想获得幸福，却在忙碌中丢失了幸福。其实，生活中那些对爱情、对人生持有平淡之心的人，他们才是真的活明白了。

其实，要想人生过得轻松一些、幸福一些，每个人都应持有这样一种心态：既来之则安之，让自己去适应平淡，让心灵重归宁静。须知，平淡亦是不平凡，平淡中总是孕育着有许多不平凡，倘若我们能在平淡中做好该做的事，平凡生活坦然以对、平淡情感用心感悟，在平平淡淡中领略人生的真意，或许就是最大的幸福。

君知否？幸福与平淡，平淡与从容，从来就不可分割，平凡地活着本身就是不平凡！

生命是一种转换。人生之旅，去日不远，来日无多，权与势，名与利……统统都是过眼烟云，云烟虽美，可终究只是匆匆飘过，只有淡泊才是人生的永恒。

幸福箴言

曾几何时，年轻的我们总是憧憬宏大而精彩的人生，总是迷恋五彩缤纷的花花世界，但又总是在追求的过程中，丢失了生活的本色。历尽沧桑、蓦然回首才发现，回归平淡，方入人生之真境。平淡是真、平常心是道，一切最简单的，都是返璞归真的。亦如弘一大师所言"淡有淡的味道"，了悟平淡，才是智者的生活。

活得随意些

"生命太短暂，无暇再顾及小事。"其实，我们根本没有必要把所有事情都放在心上，人不妨活得随意些，将那些无关紧要的烦恼抛到九霄云外，如此你会发现，生命中突然多了很多阳光。

生活随意就好，顺其自然，不埋怨、不抱怨、不浮躁、不强求、不悲观、不刻板、不慌乱。天气晴朗的时候，就充分享受阳光的美好，让自己时刻都处在好心情之中，不要总是强迫自己去想那些烦闷的事情。只要我们拥有一颗简单而随意的心，就会拥有快乐的生活。

人生或许会有很多追求，但无论追求什么，我们都应秉持这样一个前提——不要让心太累。心若疲惫，无论做什么、得到什么，也不会真快乐。而若想让心不累，就要活得随意些，不要一味地去追求所谓的成功。

诚然，成功是我们一生追求的目标，可是在人生的路上，衡量是成功还是失败绝非只有结果这个唯一的标准，而且我们还应该考虑一下，我们盯着这个"成功"付出了怎样的代价，是得大于失，还是失大于得。

对成功的定义，应该说是仁者见仁，智者见智。有的人认为腰缠万贯才是成功,可是财富却往往与幸福无关。纽约康奈尔大学的经济学教授罗伯特·弗兰克说:"虽然财富可以带给人幸福感,但并不代表财富越多人越快乐。"一旦人的基本生存需要得到满足后,每一元钱的增加对快乐本身都不再具有任何特别意义,换句话说,到了这个阶段,金钱就无法换算成幸福和快乐了。

如果一个人在拼命追求金钱的过程中,忽略了亲情,失去了友谊,也放弃了对生命其他美好方面的享受,到最后即便成了亿万富翁,不也难以摆脱孤独和迷惘的纠缠吗?所以并非是金钱决定了我们的愿望和需求,而是我们的愿望和需求决定了金钱和地位对我们的意义。你比陶渊明富足一千倍又怎么样,你能得到他那份"采菊东篱下,悠然见南山"的怡然吗?

人生,只要适合自己就好!只要简单就好!

其实,从某种意义上讲,人生中,一个男人最大的成就是有一个好妻子,一个女人最大的成功是有一个好孩子,一个孩子最大的成功是能心理和生理都健康地成长。这才是最踏实最快乐的成功诠释。

在美国新泽西州,有一位叫莫莉的著名兽医劝告人们向动物学习。她拿鸟做例子说:"鸟懂得享受生命。即使最忙碌的鸟儿也会经常停在树枝上唱歌。当然,这可能是雄鸟在求偶或雌鸟在应和,不过,我相信它们大部分时间是为了生命的存在和活着的喜悦而欢唱。"

可是作为万物之灵长的人类,在对待生命的态度上却未必能有这种豁达,有的人穷其一生,都无法达到这样的境界。有的人认为,得到了金钱就得到了幸福,这是多么可笑的想法!可见,他们并不知道金钱和幸福是没有必然联系的。有了金钱,并不一定就会带来幸福,反而因为金钱而引发不幸的事例倒是比比皆是。

还有的人认为只有拥有了盛名,才意味着成功。殊不知,功名利禄不过是过眼烟云,生命的辉煌恰恰隐藏在平凡生活的点滴之中。也有的人认为权倾一时就是成功,更有的人认为出类拔萃才是成功,平庸就意味着失败,可是生活的真实却往往是有些人看起来很平常,活得确实挺快乐。哥伦比亚大学的政治学教授亚力克斯·迈克罗斯发现,那些脚踏实地、实事求是的人往往比那些好高骛远的人快乐得多。

其实谁也不至于活得一无是处,谁也不能活得了无遗憾。一个人不必太在乎自己的平凡,平凡可以使生命更加真实;一个人不必太在乎未来会如何,只要我们努力,未来一定不会让我们失望;一个人不必太在乎别人如何看自己,只要自己堂堂正正,别人一定会对我们尊重;一个人不必太在乎得失,人生本来就是在得失间徘徊往复的。

一个人要想生活得快乐,就要学会根据自己的实际情况来调整奋斗目标,适当压制心底的欲望。不要因为自己才质平庸而闷闷不乐,生活中,智慧与快乐并无联系,反倒是"聪明反被聪明误"、"傻人有傻福"的例子俯拾皆是。

很多人年轻的时候无忧无虑地生活,虽然没有钱、没有名、没有地位,但是他们真的很快乐,什么都不用想,只做自己喜欢做的事情,可是当他们开始追求人人向往的传说能带给他们幸福快乐的各种东西之后，却渐渐地发现自己不得不放弃那些他们喜欢做的事情了，而他们得到的却并没有给他们带来多少快乐，带来的反而是负担，压得他们无法追求别的东西，压得他们无法轻松地面对自己真正的梦想。这时他们往往会痛苦不堪地一遍一遍地问自己："为什么得到的都是我不想要的，而我想要的却总是得不到？"于是很多时候，我们总是觉得生活亏待了自己，所以总是对生活怀有很大的怨气。这些怨气发泄出来的时候，又会牵连到我们身边的人，于是很多无缘无故的争吵，破坏了我们生活的和谐。

其实，一种生活，只要适合自己，只要有自己喜欢的内容，就是最好的生活，何必踏破铁鞋去寻找那些离你十万八千里的、遥不可及的生活目标呢？

如果你认为必须拥有很多很多的钱、有很大很大的名气，你才能够快乐的话，你怕是很难快乐起来了，因为暴富的机遇和条件实在难求，而人生中的巨奖如诺贝尔奖、奥斯卡奖我们大都得不到。反而人生中寻常的赏心乐事如一声赞美、一个轻吻，亲友围坐、一席盛宴，明月当空、落日红霞，都是我们可以享受到的。不要因为得不到人生的巨奖而烦恼，要享受人生中可爱的小事。这种小事多得很，人人都可以从中享受到快乐。

幸福箴言

有句话说得好：若要活得长久些，只能活得简单些；若要活得幸福些，只能活得糊涂些；若要活得轻松些，只能活得随意些。活得随意些，就是多爱自己一点。欲望少一点，朋友也不必多多益善。人说，多个朋友多条路，其实，也并不完全是那么回事。有时，朋友太多了并不见多了路,反而多了许多负担。世界太大了,你想要的又太多,可是人生毕竟有限,能把一切都抓在手中吗?莫不如活得随意些。